# 非线性方法在超声波粒度检测建模中的应用

何桂春　倪文　编著

北　京

冶金工业出版社

2022

## 内 容 提 要

本书介绍了非线性方法在矿业工程中的应用,并详细介绍了超声波粒度检测建模过程中混沌、遗传算法以及分形在其中的应用。本书共分 9 章,主要内容包括非线性方法及其在矿业领域中的应用,颗粒粒度及其检测方法,超声测粒技术及其理论模型,超声波粒度检测实验装置及其工作原理,超声波在矿浆中传播的声衰减及超声波粒度检测的理论模型,改进的混沌遗传反演方法研究及粒度分布函数参数反演,混合粒径下超声波粒度检测理论模型的分形修正,基于分形修正的超声波粒度检测模型粒度分布参数非线性反演,以及基于分形修正的超声波粒度检测模型的实际验证。

本书可供粒度检测、矿物加工工程技术研究人员阅读,也可作为高等院校相关专业研究生的教学用书。

**图书在版编目(CIP)数据**

非线性方法在超声波粒度检测建模中的应用/何桂春,倪文编著 . —北京:冶金工业出版社,2021.1 (2022.8 重印)
ISBN 978-7-5024-8689-1

Ⅰ. ①非… Ⅱ. ①何… ②倪… Ⅲ. ①超声检测—研究 Ⅳ. ①TB553

中国版本图书馆 CIP 数据核字(2021)第 024622 号

**非线性方法在超声波粒度检测建模中的应用**

| | | | | |
|---|---|---|---|---|
| **出版发行** | 冶金工业出版社 | **电 话** | (010)64027926 | |
| **地 址** | 北京市东城区嵩祝院北巷 39 号 | **邮 编** | 100009 | |
| **网 址** | www.mip1953.com | **电子信箱** | service@ mip1953.com | |

责任编辑 杨盈园 美术编辑 郑小利 彭子赫 版式设计 禹 蕊
责任校对 王永欣 责任印制 李玉山
北京富资园科技发展有限公司印刷
2021 年 1 月第 1 版,2022 年 8 月第 2 次印刷
710mm×1000mm 1/16;9 印张;173 千字;132 页
定价 56.00 元

投稿电话 (010)64027932 投稿信箱 tougao@cnmip.com.cn
营销中心电话 (010)64044283
冶金工业出版社天猫旗舰店 yjgycbs.tmall.com
(本书如有印装质量问题,本社营销中心负责退换)

# 前　言

随着工业发展和社会物质文明的进步，人们对自然资源的需求越来越大，从而导致了自然界富矿资源的迅速枯竭，因此对开发利用低品位资源日益迫切。低品位资源能否得到充分利用，关键在于选矿技术能否使其变成冶金过程的合格原料，故选矿在整个工业发展中处于越来越重要的地位。选矿产品质量的好坏直接影响到冶炼产品的质量和生产效益，而选矿产品质量与选矿生产工艺流程中的三大参数——粒度、浓度和品位有直接关系。在磨矿过程中，如果磨矿粒度太粗，则会造成有用矿物单体解离度不够、回收率低，而且可能会造成旋流器堵塞；而如果粒度太细，又会导致浪费能源，降低处理能力，回收率低，药剂消耗量大，浓密、过滤、矿浆输送困难等问题。因此，磨矿作业最终产品粒度的在线检测至关重要，它不仅是实现选矿自动化计算机过程控制的一个重要参数，而且是指导人工合理操作的一个重要依据。实现粒度的在线检测可以保证磨矿作业的产品质量和提高经济指标，从而带来经济效益。

我国大多数选矿厂生产自动化程度落后，沿袭以前的人工操作方式，再加上绝大多数选矿厂都没有配矿措施，入磨的原矿可磨性，如粒度、硬度等，物理性质波动很大，人工操作很难及时调整生产操作流程，致使磨矿分级过程难以稳定，分级机溢流的浓度、粒度、产量等指标常有大幅度波动，严重影响下一道工序（即选别生产）的操作，最后影响精矿的质量和产量。因此在工业上迫切需要一种无须稀释、可靠、易于校正和标准化的在线矿浆粒度仪。多年来从事选矿自动化及自动化仪器仪表的工程技术人员，对粒度的在线检测进行了坚持不懈的探索和研究，同时它还是我国冶金、建材等行业多年来未能解决的一个难题。

目前，已先后开发了一些颗粒测量方法，如筛分法、显微镜法、沉降法、电磁感应法、光散射法等。在众多的粒度测量方法中，光散射法由于方便、快捷、无接触、对测量介质没有影响等优点，得到迅速发展和广泛的应用。

但是在对高浓度颗粒两相流的测量中，由于光的穿透能力有限，通常测量工作是对悬浊液或乳剂采样、稀释后再进行，这一方面会消耗一些时间，不适合在线测量，另一方面，对于某些稀释过程中会产生凝聚等现象的颗粒物质进行测量就更困难了。正因为如此，光散射方法用于高浓度颗粒系测量是困难的。

用超声波对颗粒系进行测量，不但具备光散射法的各种优点，而且还会另有一些新特点。超声法测粒是使超声波在含有颗粒的连续相体系中传播，利用体系中的声衰减、颗粒对声的散射以及相速度的改变等效应测量颗粒系的粒度及浓度。由于声波具有良好的穿透性能，适合于光难以透过介质的测量，因而在高浓度颗粒两相介质测量方面具备了无可比拟的优越性。同时由于其具有较宽广的频率范围，可以确保其容易地测量从纳米级到毫米级很宽的颗粒范围。

但令人遗憾的是，这样重要的研究课题目前在国内尚未得到各个相关领域学者们足够的重视。本书在对前人理论研究分析的基础上，采用非线性方法——分形对超声波衰减-粒度理论模型进行了修正，采用非线性方法——改进的混沌遗传优化算法对模型中的粒度分布参数和分形维进行了反演优化计算。超声波衰减-粒度模型的分形修正为超声波测粒技术的理论研究开拓了一条新的研究思路，也将是今后研究的一个重要方向。

本书由江西理工大学资助出版，在此作者表示衷心感谢。本书得到博士导师北京科技大学倪文教授、安徽工业大学胡义明教授的大力支持和帮助，在此一并表示衷心的感谢！

由于作者水平有限，本书疏漏与不足之处，恳请读者不吝赐教。

何桂春

2020 年 7 月 8 日

# 目　　录

**1　非线性方法及其在矿业领域中的应用** ·················· 1

　1.1　混沌科学及混沌优化法在矿业工程中的应用 ·········· 1

　　1.1.1　混沌及混沌科学 ································· 1

　　1.1.2　混沌优化算法的基本思想 ····················· 3

　　1.1.3　混沌优化法在矿业工程中的应用 ··············· 5

　1.2　分形及其在矿业工程中的应用 ····················· 7

　　1.2.1　分形理论的产生 ······························· 7

　　1.2.2　分形理论的基本思想 ··························· 7

　　1.2.3　分形维数 ····································· 8

　　1.2.4　分形在矿业工程中的应用 ····················· 11

　1.3　遗传算法及其在矿业工程中的应用 ················· 13

　　1.3.1　遗传算法及其特点 ····························· 13

　　1.3.2　标准的遗传算法 ······························· 13

　　1.3.3　遗传算法在矿业领域中的应用 ················· 15

　1.4　非线性反演方法及应用 ··························· 17

　　1.4.1　反问题及求解反问题的特点和难点 ············· 17

　　1.4.2　非线性反演问题的求解方法 ··················· 19

　参考文献 ··········································· 20

**2　颗粒粒度及其检测方法** ··························· 25

　2.1　颗粒粒度及其表征 ······························· 25

　　2.1.1　典型特性参数表示法 ··························· 25

　　2.1.2　粒度特性（或粒度分布）表示法 ··············· 28

　2.2　粒度检测技术 ··································· 31

　　2.2.1　传统的粒度测量方法 ··························· 31

　　2.2.2　在线粒度检测技术 ····························· 32

　参考文献 ··········································· 38

**3　超声测粒技术理论模型**　················································· 40

　3.1　超声测粒技术　········································································· 40

　3.2　非均相体系超声波衰减的理论模型　·········································· 43

　　3.2.1　ECAH 理论模型　······························································· 43

　　3.2.2　耦合相理论模型　······························································· 45

　　3.2.3　BLBL 理论模型　································································ 45

　　3.2.4　Multi-scattering 理论模型　················································· 46

　3.3　超声波粒度检测非线性建模　···················································· 46

　参考文献　····················································································· 48

**4　超声波粒度检测实验装置及其工作原理**　················· 51

　4.1　超声波粒度检测实验装置　······················································· 51

　　4.1.1　测量槽　············································································ 52

　　4.1.2　超声的发射和接收　····························································· 52

　　4.1.3　控制器以及数据处理装置　···················································· 55

　4.2　超声波粒度检测的工作原理　···················································· 57

　参考文献　····················································································· 58

**5　超声波在矿浆中传播的声衰减及超声波粒度检测的理论模型**　········· 59

　5.1　超声波的声衰减机理分析　······················································· 59

　　5.1.1　吸收衰减　·········································································· 60

　　5.1.2　散射衰减　·········································································· 61

　　5.1.3　扩散衰减　·········································································· 61

　　5.1.4　总衰减　············································································ 61

　　5.1.5　非均相体系中声衰减区域图　················································ 62

　5.2　基于超声衰减技术的矿浆粒度检测的理论模型　··························· 64

　5.3　混合粒径情况下的超声波粒度检测理论模型　····························· 65

　5.4　超声波衰减的影响因素分析　···················································· 67

　　5.4.1　超声波频率的影响　····························································· 67

　　5.4.2　固体颗粒密度的影响　··························································· 68

　　5.4.3　固体体积浓度的影响　··························································· 70

　　5.4.4　矿浆温度的影响　································································ 71

　5.5　本章小结　··············································································· 73

　参考文献　····················································································· 74

**6　改进的混沌遗传反演方法研究及粒度分布函数参数反演** ……………… 75

6.1　改进的混沌遗传反演方法研究 ……………………………………… 75

6.1.1　标准遗传算法的不足及其改进 …………………………… 75

6.1.2　改进的混沌遗传算法的特点 ……………………………… 76

6.1.3　改进的混沌遗传算法的效率和性能分析 ………………… 78

6.2　粒度分布参数的混沌遗传算法反演计算 …………………………… 80

6.2.1　粒度分布参数反演计算的适应度函数设计 ……………… 80

6.2.2　粒度分布参数反演算法 …………………………………… 82

6.2.3　混沌遗传算法粒度分布参数反演计算结果及分析 ……… 84

6.3　本章小结 ……………………………………………………………… 85

参考文献 ……………………………………………………………………… 86

**7　混合粒径下超声波粒度检测理论模型的分形修正** …………………… 87

7.1　颗粒的不规则性和絮凝的影响 ……………………………………… 87

7.2　分形修正的提出 ……………………………………………………… 89

7.3　混合粒径下超声波粒度检测理论模型的分形修正 ………………… 92

7.3.1　混合粒级下的超声波粒度检测理论模型的分形修正 …… 92

7.3.2　基于分形修正的超声波粒度检测非线性模型分形维间偏离指数的
　　　反演计算 …………………………………………………… 92

7.3.3　单级别物料的实验及结果分析 …………………………… 93

7.3.4　混合粒径物料的实验及结果分析 ………………………… 99

7.4　本章小结 ……………………………………………………………… 109

参考文献 ……………………………………………………………………… 110

**8　基于分形修正的超声波粒度检测模型粒度分布参数非线性反演** …… 112

8.1　矿浆浓度已知的条件下粒度分布参数反演 ……………………… 112

8.1.1　矿浆浓度已知条件下粒度分布参数反演目标函数的构造 … 112

8.1.2　矿浆浓度已知条件下参数的联合反演 ………………… 113

8.1.3　矿浆浓度已知条件下参数的交替反演 ………………… 114

8.2　双波长法粒度分布参数反演 ……………………………………… 116

8.2.1　双波长法 ………………………………………………… 116

8.2.2　双波长法粒度分布参数反演目标函数的构造 ………… 117

8.2.3　双波长法粒度分布参数和分形维间偏离指数的交替反演 …… 119

8.3　超声波粒度检测与激光粒度仪粒度检测的比较 ………………… 121

8.4　本章小结 ……………………………………………………… 123

**9　基于分形修正的超声波粒度检测模型的实际验证** ……………… 125

9.1　广东河源下告铁矿石粒度分布测定 ………………………… 125

9.1.1　广东河源下告铁矿石性质及其磨矿矿样的 SEM 分析 ……… 125

9.1.2　广东河源下告铁矿矿样的粒度分布测定 ……………… 126

9.2　铜陵凤凰山铜矿石粒度分布测定 …………………………… 129

9.2.1　铜陵凤凰山铜矿石性质及其磨矿矿样的 SEM 分析 …… 129

9.2.2　铜陵凤凰山铜矿磨矿矿样的粒度分布测定 …………… 131

9.3　本章小结 ……………………………………………………… 132

# 主要符号说明

| 符　号 | 物理意义及单位 |
|---|---|
| $c_p$ | 定压比热容，$J/(kg \cdot K)$ |
| $c$ | 声速，$m/s$ |
| $D$、$D_0$ | 分形维 |
| $d$ | 颗粒直径，$m$ |
| $d_f$ | 分形维间偏离指数 |
| $E$ | 声波振幅，$m$ |
| $f$ | 声波频率，$s^{-1}$ |
| $G_i$ | 某粒级颗粒质量分数 |
| $L$ | 超声波传播距离，$m$ |
| $M$ | 单位体积矿浆中固体颗粒数的质量，$kg/m^3$ |
| $m$ | 粒度分布函数的分布参数 |
| $n$ | 单位体积矿浆中固体颗粒数，$m^{-3}$ |
| $R$ | 颗粒半径，$m$ |
| $Re$ | 雷诺数 |
| $w_i$ | 某粒级颗粒的质量，$kg$ |
| $\alpha$ | 超声波衰减系数，$Np/m$ |
| $\alpha_v$、$\alpha_t$、$\alpha_s$ | 黏滞、热传导和散射衰减系数，$Np/m$ |
| $\beta_0$、$\beta_p$ | 液体和固体的等温压缩系数 |
| $\delta_v$ | 黏滞边界层厚度，$m$ |
| $\kappa$ | 连续介质中的波数，$m^{-1}$ |
| $\lambda$ | 声波波长，$m$ |
| $\mu_0$ | 液体的动力黏度，$Pa \cdot s$ |
| $\rho_0$、$\rho_p$ | 液、固两相的密度，$kg/m^3$ |
| $\phi$ | 颗粒体积浓度 |
| $\varphi_c$、$\varphi_t$、$\varphi_s$ | 压缩波、热波和剪切波的波势 |
| $\nu$ | 液体的运动黏度，$m^2/s$ |
| $\tau_v$ | 黏滞弛豫时间，$s$ |
| $\omega$ | 声波角频率，$s^{-1}$ |

# 1 非线性方法及其在矿业领域中的应用

非线性科学是一门研究非线性现象共性的新兴交叉学科，其发展标志着人类对自然的认识由线性现象发展到非线性现象。非线性科学研究最为广泛的为混沌、孤立子和分形[1~4]。混沌（chaos）现象是 1963 年美国气象学家洛伦兹（E. N. Lorenz）在《确定论的非周期流》中首次揭示的，它是非线性现象的核心问题，它的出现被认为是继相对论、量子力学之后的第三次科学革命。孤立子（soliton）是由扎布斯基（N. Zabusky）和克鲁斯卡尔（M. D. Kruskal）等美国科学家于 1965 年发现的，孤立子理论预示着物理学与数学的统一[4]。美籍数学家曼德布罗特（B. B. Mandelbrot）于 1975 年发表的《分形：形态、机遇和维数》一书创立了分形（fractal）理论，该理论是继微积分以来的又一次科学革命[2,3]。自此之后，非线性科学快速发展，具有共性特征的大量非线性系统得以揭示和描述，许多深刻的数学和物理问题被提出并得以解决。非线性方法为基础科学、技术科学、社会科学的研究提供了新概念、新方法，在物理、化学、生物、天文、气象、航天等学科中发挥了越来越重要的作用[5]。非线性科学的研究方法很多，如遗传算法、符号动力学、分岔分形、混沌、神经网络等。矿业工程是一个复杂的非线性系统，非线性科学的理论和方法能为矿业领域的拓展研究提供新思路和新方法。

## 1.1 混沌科学及混沌优化法在矿业工程中的应用

### 1.1.1 混沌及混沌科学

混沌，通常理解为混乱、无序、未分化，如所谓"混沌者，言万物相混为相离""幽幽冥冥""昏昏默默"。大千世界混沌现象无处不在，大至宇宙、小至基本粒子，无处不受混沌理论的支配。早在 1890 年，法国著名科学家庞加莱（Poincarè）认为地球和太阳的二体运动是周期的、确定性的，但是当一颗星际尘埃出现在海王星、冥王星的运动系统中时，三体的运动是非常复杂的，即确定性系统内部存在不确定性，即混沌现象，从而使庞加莱成为世界上第一了解混沌可能存在的人[6]。1972 年 12 月洛伦兹提出了这样的一种效应：蝴蝶效应，认为在亚马孙热带雨林中一只蝴蝶偶尔扇动几下翅膀，可能引起两周之后美国得克萨斯州的一场龙卷风,并提出了天气是不可准确预报的。蝴蝶效应就是一种典型的混沌现象,即任何事物在发展过程中有规律可循,但也存在"变数",一个微小的初始扰动,可能导致整个系统长期发展的连锁反应。

随着现代科学技术,尤其是计算机技术的飞速发展,混沌学受到学术界的广泛重视,混沌学的一些概念和方法,如普适性、标度律、自相似性、分形、奇怪吸引子等,超越了原来数理学科的背景,走进化学、生物学、地矿学、医学以及社会学的广阔天地[6~9]。

混沌是一种确定性系统中出现的类似随机的过程,是系统远离平衡的状态。它与平衡态中无序有本质的差别,不是简单的无序,是无序中包含着有序。混沌有如下基本特征:

(1)非线性和随机性。混沌是非线性系统的特有属性。当系统出现混沌时,其运动轨迹既不收敛,也不呈现出周期性,具有不稳定性和随机性。

(2)敏感性。包括对初始条件的敏感性和系统结构参数的敏感性两个方面。初始条件敏感性是当初始条件发生非常微小的变化,将导致其运动行为产生巨大的差异,如蝴蝶效应。系统结构参数敏感性是指系统的运动状态依赖于结构参数的变化。

(3)分维性。非线性系统的混沌运动是不稳定的发散过程,具有不规则、非周期、自相似的结构特性,系统的运动状态在相空间中总是收敛于一种混沌吸引子。一切在吸引子之外的运动都稳定地向它靠拢,使运动轨道稳定地收缩到吸引子上。而一切到达吸引子内的运动轨道都相互排除,在某些方向上的运动又造成局部不稳定。混沌吸引子是整体稳定性与局部不稳定性相互作用的结果。例如Koch 雪花曲线的分维数是 1.26,描述大气混沌的洛伦兹模型的分维数是 2.06,体系的混沌运动在相空间无穷缠绕、折叠和扭结,构成具有无穷层次的自相似结构。

(4)混沌运动具有遍历性,在运动的范围内按其"自身规律"不重复地遍历所有状态。

(5)普适性。混沌系统中存在一些普适常数,这些常数不因具体系统的不同和系统运动方程的差异而发生变化。以非线性 Logistic 映射分叉为例,在其分叉速度和高度两个方面均存在费根鲍姆(Feigenbaum)常数 $\delta$ 恒等于4.6692016091029909,使得混沌研究从定性分析进入了定量计算。

混沌科学中常常包含这样的一些概念[10]:

(1)相空间。在连续动力学系统中,用一组一阶微分方程描述运动,以状态变量(或状态向量)为坐标轴的空间构成系统的相空间。系统的一个状态用相空间的一个点表示,通过该点有唯一的一条积分曲线。

(2)流和映射。动力学系统随时间的变化,当发生在连续时间中时,将其称之为流,其对应相空间的一条连续轨线;当发生在离散时间中时,则称之为映射,对应于相空间中的一些离散的相点。

(3) 不动点。又称平衡点,定态不动点是系统状态变量所取的一组值,对于这些值系统不随时间变化;在连续系统动力学系统中,相空间中有一个点 $x_0$,若满足 $t \to \infty$ 时,轨迹 $x(t) \to x_0$,则 $x_0$ 为不动点。

(4) 吸引子。指相空间的这样的一个点集 $S$(或一个子空间),对邻域的几乎任意一点,当 $t \to \infty$ 时,所有轨迹线均趋于 $S$,吸引子是稳定的不动点集。

(5) 奇异吸引子。又称混沌吸引子,指相空间中具有分数维的吸引子的集合,该吸引子由永不重复自身的一系列点组成,并且无论如何也不表现出任何周期性,混沌运动轨迹在此集合之中。

(6) 周期解。对于系统 $x_{n+1} = f(x_n)$,当 $n \to \infty$ 时,若存在 $\xi = x_{n+1} = x_n$,则称该系统有周期 $i$ 解 $\xi$,不动点可以看作是周期 1 解,因为它满足 $x_{n+1} = x_n$。

(7) 分维。又称分维数、分数维,是分形的一种定量表征,用于描述具有分形特性的几何对象的内部特征。分维突破了经典维数必须为整数的局限性,为准确描述自然界中广泛存在的一些极不规则、极不光滑的研究对象提供了新方法。

(8) 李雅普诺夫(Lyapunov)指数。用于度量在相空间中初始条件不同的两条相邻轨迹随时间按指数律收敛或者发散的程度,这种轨迹收敛或发散的比率,称为 Lyapunov 指数,正的 Lyapunov 指数意味着存在混沌运动。

## 1.1.2 混沌优化算法的基本思想

目前对混沌主要从以下两方面进行研究:一是把混沌看作是一种不希望现象,控制系统运动使其不出现混沌;二是把混沌看作是一种有利因素,期望利用较少的能量产生较大的效益。因此,利用混沌运动的遍历性、随机性、规律性等特点,采用混沌优化方法(chaos optimization algorithm,简称 COA)对一类连续复杂对象的优化问题进行优化[8~19],其基本思想就是将混沌变量线性映射到优化变量的取值区间,然后利用混沌变量对目标函数全局极大值进行搜索。混沌优化方法不要求优化目标函数对参数具有连续性和可微性,又可以在一定范围内遍历求解,有利于找到全局最优解。混沌的随机性和遍历性可避免搜索过程陷入局部极小,克服传统优化算法的不足。

Logistic 映射模型是混沌研究中的最典型模型之一。Logistic 方程为:

$$x_{n+1} = \mu x_n (1 - x_n), \quad x_n \in [0, 1] \tag{1.1}$$

式中,$\mu$ 为系统结构参数或控制参数,$\mu$ 值不得大于 4,取值为 0~4 之间;Logistic 映射是 $[0,1]$ 的不可逆映射,如图 1.1 所示。

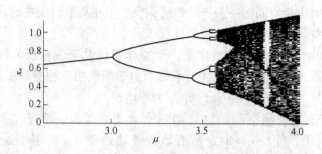

图 1.1　Logistic 映射分岔图

当 $\mu = 4$ 时，系统陷入混沌状态，其输出相当于一个 $(0,1)$ 之间的随机数，且在 $[0,1]$ 具有遍历性，其中的任一状态都不会重复出现，这就是混沌的基本特征。

采用 Logistic 混沌变量对目标函数进行全局最优化搜索，对连续对象的全局极小值优化问题[20,21]：

$$\min f(x_i) \quad (\text{s. t. } x_i \in [a_i, b_i], i = 1, 2, \cdots, n) \tag{1.2}$$

利用混沌优化方法的基本步骤[20]如下：

步骤 1，算法初始化。设置 $k = 1$；$x_i^k = x_i(1)$，$x_i^* = x_i(1)$，其中 $k$ 为混沌变量迭代标志，$x_i(1)$ 为 $(0,1)$ 区间内 $i$ 个具有微小差别的初始值，$x_i^*$ 为当前得到的最优混沌变量。

步骤 2，将混沌变量 $x_i^k$ 线性映射到目标函数优化变量的取值区间 $mx_i^k$：

$$mx_i^k = c_i + d_i x_i^k \tag{1.3}$$

式中，$c_i$，$d_i$ 为常数。

步骤 3，用混沌变量对目标函数进行优化搜索：若第 $i$ 次搜索的结果不大于当前最优解，即 $f(mx_i^k) \leqslant f^*$，则将本次搜索的结果作为当前最优解，对应的混沌变量作为当前最优变量，即 $f^* = f(mx_i^k)$，$x^* = x_i^k$；否则，若 $f(mx_i^k) > f^*$，则放弃本次搜索的结果而继续搜索。

步骤 4，经过步骤 3 的若干次搜索 $f^*$ 都保持不变，则按式（1.4）进行第二次载波：

$$mx_i^* = c_i^* + \alpha_i x_i^* \tag{1.4}$$

式中　$\alpha_i x_i^*$——遍历区间上很小的混沌变量；

　　　$c_i^*$，$\alpha_i$——调节常数；

　　　$x_i^*$——当前最优解。

步骤 5，用二次载波后的混沌变量继续迭代搜索目标函数的最优解，令本次搜索到的最优解为 $f(mx_i^*)$。若 $f(mx_i^*) \leqslant f^*$，则将本次搜索的结果作为当前最优解，对应的混沌变量作为当前最优变量，即 $f^* = f(mx_i^*)$，$x^* = mx_i^*$；若 $f(mx_i^*) > f^*$，则放弃本次搜索的结果，继续搜索。

步骤6，如果满足终止条件则终止搜索并输出最优解；反之则返回步骤5继续搜索。

我们采用混沌优化方法对以下典型复杂函数 $f_1 \sim f_4$ 进行优化，所得结果见表1.1。

$$f_1 = 100(x_1 - x_2^2)^2 + (1 - x_1)^2, \qquad\qquad x_i \in [-2.048, 2.048]$$

$$f_2 = 0.5 + \frac{\sin^2 \sqrt{x_1^2 + x_2^2} - 0.5}{(1 + 0.001(x_1^2 + x_2^2))^2}, \qquad\qquad x_i \in [-1, 1]$$

$$f_3 = -\left(1.0 + 8x_1 - 7x_1^2 + \frac{7}{3}x_1^3 - x_1^4\right)(x_2^2 e^{-x_2})(x_3 e^{-(x_3+1)}), \quad x_i \in [0, 10]$$

$$f_4 = x_1^2 + x_2^2 + x_3^2, \qquad\qquad x_i \in [-1, 1]$$

表1.1　混沌优化法寻优结果

| 函数 | 最　优　点 | | 最　优　值 | | 迭代60次用时/s |
|---|---|---|---|---|---|
| | 理论值 | 计　算 | 理论值 | 计　算 | |
| $f_1$ | (1,1) | (1.0, 1.0) | 0 | $7.357 \times 10^{-12}$ | 2.522 |
| $f_2$ | (0,0) | $(4.792 \times 10^{-5}, 3.303 \times 10^{-7})$ | 0 | $2.2966 \times 10^{-9}$ | 2.534 |
| $f_3$ | (0.73,2,1) | (0.726, 2.029, 1.002) | -0.2735 | -0.2735 | 3.357 |
| $f_4$ | (0,0,0) | $(7.530 \times 10^{-4}, -1.761 \times 10^{-5}, 3.719 \times 10^{-4})$ | 0 | $7.0567 \times 10^{-7}$ | 3.189 |

从表1.1可知，混沌优化算法作为一种全局优化算法能够遍历目标函数解空间上的各个点，并能较好地搜索出目标函数的全局极值。

### 1.1.3　混沌优化法在矿业工程中的应用

当前国际成矿学理论正处于新的突破边缘，提出了地球动力学、流体地质学和非线性科学等前沿理论，探索巨量金属元素堆积的机理和环境，创新寻找大型矿集区的新理论和新方法。大规模成矿作用发生与一般规律不同，而是对应着一些特别事件，需从非线性角度出发认识"成矿大爆发"和大型-超大型矿床形成机制[22]。非线性地质理论是针对成矿系统远离平衡的非线性系统，具有混沌属性而提出的，应用该理论及其先进的研究方法，可以预测工作区能否发现大型-超大型矿[23]。麻土华等人[24]研究了地壳中元素迁移聚集和成矿过程的非线性动力学模型，该模型的迭代关系式与 Logistic 方程一致，这表明，与元素迁移聚集有关的成矿作用是混沌的；并由此导致了地壳中元素含量、矿床储量及其空间分布是一种分形结构。徐德义等人[25]用耦合单峰映象格子模型描述了一维热液成矿系统的反应扩散过程，对热液成矿过程的动力学行为进行了研究，结果表明成矿发生在混沌边缘，并且指出了参数空间中的混沌边缘域。

　　软岩工程的变形力学过程是一个混沌力学过程,具有对初始工程力学条件、边界工程力学条件及工程力学作用过程等初始条件的敏感依赖性,其长期力学行为具有显著的随机性和不可预测性。彭涛等人[26]对煤矿软岩的混沌力学特性进行了研究,认为混沌运动只是软岩工程变形到非线性阶段时的特有现象,只有在软岩工程所受工程荷载大于临界混沌荷载时才会产生。

　　矿山岩层的运动是一种开放系统和耗散结构,岩体在力学性质上由于漫长的地质作用而呈现明显的非均质、各向异性。秦广鹏、蒋金泉[27]基于综放工作面覆岩运动引起的综放支架矿压显现的井下实测时间序列,进行了综放工作面覆岩运动混沌性态的 Lyapunov 指数的提取,并对其混沌性态进行了研究。实例分析表明,综放工作面覆岩运动呈现出典型的混沌性态,沿工作面长度方向上的混沌程度与顶板破断规律及结构特征密切相关。

　　矿震是一种可对矿井生产产生较大危害的突发性岩体动力行为,随着矿井的开采活动逐渐向深部延伸,由高应力因素导致的矿震危害性愈发突出。周辉[28]对矿震孕育过程的混沌性及非线性预测理论进行了研究,建立了一种计算混沌系统可预测尺度的新方法,解决了以往在观测资料不足的情况下计算矿震系统可预测尺度时遇到的困难。

　　矿井涌水量的长期预报是矿山安全、供水工程和环境保护决策者一直关心的问题,各种长期预报的方法因矿井涌水量易受混沌因素影响其预报精度会随着预报时间的延长而降低,最终变得不可用。韩非[29]应用混沌理论解释了矿井涌水量无法保证长期预报的原因,拓宽了混沌理论的应用范围;还应用 Lyapunov 指数计算出山东省黑旺铁矿矿井涌水量的最大预报时间尺度,该结论对类似矿区的矿井涌水量的长期预报工作具有指导意义。

　　蒋卫东等人[30]研究了尾矿坝浸润线异常状况下时空混沌模型及非线性动力特性,建立了浸润线耦合映象格子模型,用浸润线耦合映象格子模型能够解释浸润线长时间演化行为及其非线性动力特性形成的机理,并能解释各类边坡、坝体的复杂渗流现象。

　　常伟[31]针对矿井提升机运行过程中速度调节不平稳的问题,提出了混沌优化PID 参数整定方法。通过利用混沌算法,对 PID 参数进行寻优,最后进行仿真分析。结果表明,应用混沌优化 PID 参数与采用传统方法得到的参数相比,其系统控制效果更好,具有超调更小、响应速度更快、系统更加稳定的优点。

　　从以上一些研究结果来看,混沌在地矿领域已经有了一些应用,尤其是针对成(找)矿理论、采矿方法,岩石力学行为、矿山安全(矿井涌水量、尾矿坝等)进行了研究。但混沌在矿物加工领域很少有人涉及,从理论上分析,在矿物加工过程中,有许多复杂的非线性行为(如浮选过程动力学行为、药剂与矿物相互作用等),到目前为止一直未能彻底解决,也没有一个完整的数学模型来描述这些复杂的过程。

随着科学技术的发展,也许非线性理论能很好地解释矿物加工过程中出现的某些问题。

## 1.2　分形及其在矿业工程中的应用

### 1.2.1　分形理论的产生

海岸线是几维? 它不是一维,也不是二维,而是介于 1 和 2 之间的分数维数。具有不必是整数维数的几何对象——分形(fractals)引起了自然科学研究者的广泛注意。分形理论是 20 世纪后期创立并且蓬勃发展的新学科之一。分形理论把传统的确定论思想与随机论思想结合在一起,使人们对于诸如布朗(Brown)运动、湍流(turbulence)等大自然中的众多复杂现象有了更加深刻的认识,并且在材料科学、计算机图形学、动力学等多个学科领域中被广泛应用,成为非线性科学研究的一个十分重要的分支。

从 19 世纪初期到 20 世纪中期,一些数学家、生物学家、物理学家等曾经研究了大自然中物体和现象的几何形状,大自然中的物体和现象举不胜举,但是这些物体和现象普遍具有复杂的不规则形状,传统的欧氏几何学在描述这样的自然现象时显得苍白无力。究其原因,因为过去的几何对象都有几何长度,例如线段有长度,圆有半径和面积等,而一棵树、一朵花、一片云却很难用长度、面积、体积等来描述其形状[32]。伴随着多个学科类似问题的出现,在 20 世纪 70 年代,一门新的学科——分形论(fractal theory)诞生了。这门学科的创立者是美国科学家曼德布罗特(Mandelbrot),他在 1977 年出版了他的专著《分形:形、机遇与维数》(Fractal: Form, Chance and Dimension),接着又在 1982 年出版了《自然界的分形几何学》(The Fractal Geometry of Nature)。这两部著作的发表标志着分形理论的创立[33]。以后分形理论得到迅速发展,并得到科学界的广泛重视,同时在物理学、化学、生物学、地学、材料科学、表面科学、纳米科学乃至经济学等广泛的领域得到了应用。

### 1.2.2　分形理论的基本思想

分形是对自然界客观世界中不光滑、连续而不可微、支离破碎现象的一种抽象描述,其主要价值在于为极端有序和真正混沌之间提供了一种中间可能性,目前研究较多的是自相似分形和自仿射分形。所谓自相似性,就是用任意不同的尺度去观察,局部与整体在各方面具有严格或统计意义下的相似性。

关于分形,目前还没有严格的数学定义,只能给出描述性的定义。粗略地说,分形是对没有特征长度但具有一定意义下的自相似性图形和结构的总称。它具有两个基本性质:自相似性和标度不变性。自相似性是指局部是整体成比例缩小的性质,形象地说,就是当用不同倍数的照相机拍摄研究对象时,无论放大倍数如何改变，看到的照片都是相似的（统计意义），而从相片上也无法断定所用的相机的倍数，即标度不变性或全息性。

从分形研究的进展看，近年来又有若干新的概念被提出，其中包括自仿射分形、自反演分形、递归分形、多重分形、胖分形等。有些分形通常不具有严格的自相似性，正如定义所表达的，局部以某种方式与整体相似。

分形理论的自相似性概念，最初是指形态或结构的相似性，即在形态或结构上具有相似性的几何对象称为分形，研究这种分形特性的几何称为分形几何学。随着研究工作的深入发展和领域的拓展[34]，又由于一些新学科，如系统论、信息论、控制论、耗散结构理论和协同论等相继涌现的影响，自相似性概念得到充实与扩展，把信息、功能和时间上的自相似性也包含在自相似性概念之中。于是，把形态（结构）、或信息、或功能、或时间上具有自相似性的客体称为广义分形。广义分形及其生成元既可以是几何实体，也可以是由信息或功能支撑的数理模型。分形体系可以在形态（结构）、信息和功能各个方面同时具有自相似性，也允许只在某方面具有自相似性；分形体系中的自相似性可以是完全相似，这种情况是不多见的，也可以是统计意义上的相似，这种情况占大多数。这种统计意义下的自相似性，其局部经放大或缩小操作可能得到与整体完全不同的表现形式，但表征自相似结构或系统的定量参数如分形维数，并不因此变化。分形体内任何一个相对独立的部分（分形元或生成元），在一定程度上都是整体的再现和缩影。这种现象，无论是在客观世界——自然界和社会领域，还是在主观世界——思维领域，都是普遍存在的。

分形具有以下几个基本性质[34]：

（1）自相似性是指事物的局部（或部分）与整体在形态、结构、信息、功能和时间等方面具有统计意义上的相似性。

（2）适当放大或缩小分形对象的几何尺寸，整个结构并不改变，这种性质称为标度不变性。

（3）自然现象仅在一定的尺度范围内、一定的层次中才表现出统计自相似性，在这样的尺度之外，不再具有分形特征。换言之，在不同尺度范围或不同层次上具有不同的分形特征。

（4）在欧氏几何学中，维数只能是整数，但是在分形几何学中维数可以是整数或分数。

（5）自然界中分形是具有幂函数分布的随机现象，因而必须用统计的方法进行分析和处理。

## 1.2.3  分形维数

拓扑维数是几何对象的一个重要特征。在欧几里得空间，线的拓扑维为 1，面的拓扑维为2，体的拓扑维为3。而对于一些更复杂或更抽象的对象，只要在每个局部可以和欧式空间对应，就很容易确定出维数。即使把这样的几何对象连续的拉伸、压缩、扭曲，维数也不发生改变。这就是拓扑维数 $d$。

维数和测量有密切关系。为了测量一块平面图形的面积，可以用一个边长为 $L$、面积为 $L^2$ 的"标准"方块去覆盖它。所得的方块数目就是它的面积（以 $L^2$ 为单位）[35]：

$$\frac{平面图形面积}{L^2} = 有限数$$

如果用标准长度 $L$ 去测面积，那就会得到无穷大 $\infty$：

$$\frac{平面图形面积}{L} = \infty$$

相反，用标准立体 $L^3$ 去测量没有体积的平面，结果是零：

$$\frac{平面图形面积}{L^3} = 0$$

用 $n$ 维的标准体 $L^n$ 去测量某个几何对象时，只有 $n$ 与拓扑维 $d$ 一致，才能得到有限的结果。如果 $n < d$，结果是 $\infty$；如果 $n > d$，则得到 0。这个简单的观察，以后要推广来定义更普遍的维数。

现在换一种方式来考虑问题（图1.2）。把一个边长为1的单位正方形的每个边长增加为原来的3倍，得到一个大正方形，它正好等于 $3^2 = 9$ 个原来的正方形。类似地，把一个正方体的每个边长增加为原来的3倍，就得到 $3^3 = 27$ 个原来大小的立方体。推而广之，一个 $d$ 维几何对象的每个独立方向，都增加为原来的 $L$ 倍，结果得到 $n$ 个原来的对象。这三个数之间的关系是 $L^d = N$。因此，不难验证，对于一切普通的几何对象，这个简单关系都是成立的。现在把这个关系式等号两边取对数，有：

$$D_0 = \frac{\lg N}{\lg L} \tag{1.5}$$

从式（1.5）可以发现，$d$ 不必再是整数。以后把这样推广定义的维数称为分维，用大写字母记为 $D_0$。

科赫岛[35]（图1.2）、康托尔集合[35]（图1.3）、谢尔宾斯基海绵[35]（图1.4），都是典型的构造简单的分维对象，不难根据以上定义算出它们的分维。

对于规整的几何对象，可以使用统一的长度变换倍数 $L$。然而，分形并不限于规整对象。为了测得精确一些，我们不是把尺寸放大为原来的 $L$ 倍，而是把测量单位缩小为原来的 $\varepsilon$ 倍，其实 $L = 1/\varepsilon$。只有不断缩小 $\varepsilon$，才能使结果精益求精，测得的长度 $N(\varepsilon)$ 也随着 $\varepsilon$ 减小而增大。将分维定义中的 $N$ 和 $L$，更换成 $N(\varepsilon)$ 和 $1/\varepsilon$，而且要看不断缩小时有没有极限存在，于是[35]：

$$D_0 = \lim_{\varepsilon \to 0} \frac{\lg N(\varepsilon)}{\lg\left(\dfrac{1}{\varepsilon}\right)} = -\lim_{\varepsilon \to 0} \frac{\lg N(\varepsilon)}{\lg(\varepsilon)} \tag{1.6}$$

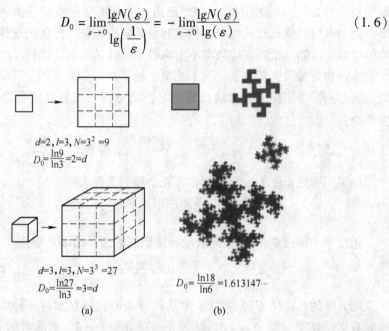

$d=2, l=3, N=3^2=9$

$D_0 = \dfrac{\ln 9}{\ln 3} = 2 = d$

$d=3, l=3, N=3^3=27$

$D_0 = \dfrac{\ln 27}{\ln 3} = 3 = d$

$D_0 = \dfrac{\ln 18}{\ln 6} = 1.613147\cdots$

(a)　　　　　　(b)

图 1.2　维数的定义

注：图（a）是拓扑维与分维相等的规整几何图形。图（b）是一种科赫岛。最初始的正方形每个边长都取为 1，作为基本的单元。图（b）的最小构成单位是边长为 1/6 的正方形（因此不难看出，该图形海岸线的长度为 1/6 的 72 倍），只有把边长放大 6 倍，即 $l=6$，它才是我们的基本单元。此时由 72 个小单元组成的海岸线的长度也成为 72。于是，与此对应的初始正方形的每个边变成为 $N=72/4=18$ 个。考察作图方法，可以看出每前进一步，$l$ 和 $N$ 都按同样的倍数变。这样算得的科赫岛海岸线的分维是 1.613147…。

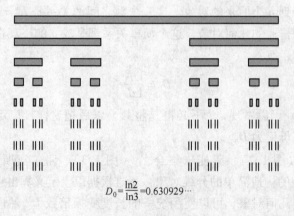

$D_0 = \dfrac{\ln 2}{\ln 3} = 0.630929\cdots$

图 1.3　康托尔集合

注：取 (0,1) 线段三等分之后舍去中段，剩下的每段再三等分舍去中段……如此无限次划分和舍去，最后的极限仍是无穷多个点的集合。这就是一种康托尔集合。它是一种处处稀疏的对象，其拓扑维数 $d=0$。取第二行图形的左半部分作为一个对象，把尺寸放大 $l=3$ 倍，就得到 $N=2$ 个原来的对象。套用公式算得它的分维是 0.630929…。

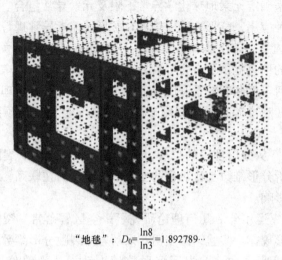

“地毯”：$D_0 = \dfrac{\ln 8}{\ln 3} = 1.892789\cdots$

“海绵”：$D_0 = \dfrac{\ln(8+4+8)}{\ln 3} = 2.726833\cdots$

图 1.4 谢尔宾斯基海绵

注：它的每个面是一块谢尔宾斯基地毯，而每条对角线（和许多其他线）是康托尔集合。它们都是用对规整的几何对象“分割”和“打洞”的办法制造出来的。图中只画出构造了有限步的中间情况。用选取基本单元、放大边长，再数单元个数的方法，不难算出谢尔宾斯基地毯和海绵的分维分别是 1.892789⋯和 2.726833⋯。

因早在 1919 年 Hausdorff 就提出了类似的定义，所以这个 $D_0$ 称为 Hausdorff 维数（也叫容量维）。拓扑维 $d$ 与 Hausdorff 维数 $D_0$ 之间的关系为：

$$d \leqslant D_0$$

对于定常运动，$D_0 = 0$；对于周期运动，$D_0 = 1$；对于准周期运动，$D_0 = 2$ 或 3；对于随机运动，$D_0 \to \infty$；对于混沌运动，$D_0$ 为正的分数，但维数为分数的系统不一定是混沌系统[36]。

## 1.2.4 分形在矿业工程中的应用

在地矿领域内存在许多复杂的问题，采用常规的方法无法得到解决及合理的解释，分形正是由于提供了这样一种方法而在地矿领域内掀起了一股热潮，渗透了该领域的各个方面。

分形理论正日益渗透到成矿规律与成矿预测、矿床勘查与评价中，已取得了许多有价值的成果[37~40]。陈春仔等人[41]研究了地质体和地质现象的分形特征，确定了地质异常，建立地质异常分形模型。杨茂森等人[42]对于地球化学异常，采取了分形方法来确定元素地球化学异常下限及元素异常组合。结果表明，作为非线性数学的一种应用，分形方法成功地对矿集区元素异常进行了异常下限的确定、异常组合的选择。李洪志等人[43]应用分形理论为获得有关隐伏矿床（脉）分布的更为准确的信息提供了有力工具。通过对招远灵山和河东两个典型金矿床矿脉分维数、几何丰度和有效紧密度等进行研究，讨论了分形理论在紧密结合地质特征条件下，客观准确揭示不规则矿脉变化规律及在找矿预测等方面的应用前景。

张佳丽等人[44]从分形理论的角度，研究了煤焦的孔隙、裂隙的存在状态及其分形特征，分析分形维数与比热容的变化规律及其内在联系，探讨了煤焦微观结构对比热容的影响。

张永波等人[45]运用分形几何理论研究了采空区冒落带、裂隙带和弯沉带岩体裂隙分布的分形规律。实验结果表明，采动岩体裂隙分形维数随开采宽度的增加而增大，岩体碎胀系数、覆岩下沉系数随采动岩体裂隙分形维数的增大而增大。

岩体在破裂过程具有统计自相似性，其断裂几何形状可用分形描述，岩石中微孔隙、微裂纹的分布和扩展、膨胀土裂隙都具有分形特征[46,47]。描述破碎块度分布规律的理论也很多，如 G-S 公式、R-R 公式、对数正态分布等，有十多种，而且很多公式也比较接近，有时难以区分，但缺乏一种通用性理论进行解释。自分形理论出现之后，在矿岩破碎以及破碎体的粒度分布等方面已获得很大进展。张智铁[48]从物料系统状态的失稳和稳定性研究出发，将物料粉碎机理研究推进到非线性热力学和非线性动力学范畴，选择超熵作为物料系统的Lyapounov 函数来判断系统的稳定性，阐明了物料粉碎是一个由定态到失稳再到新定态过程的耗散结构。他根据岩石内缺陷的分形特点，运用分形理论推导了强度与缺陷分布维数之间的关系，建立了粉碎颗粒粒度分布模型，找到了分维数、分布指数与破碎概率之间的关系，用颗粒表面分维数将三个功耗理论统一起来。王谦源等人[49]研究了分形破碎体的筛上、筛下分布规律，分析结果表明，分形方法能更好地反映破碎的本质，矿山岩石破碎体如爆破、碎矿和磨矿产物，包括天然砂，基本符合分形规律。

郭永彩等人[50]提出了用分形理论来建立微细粒布朗运动特征模型的设想，并从理论上阐明了它的有效性。唐明等人[51]用激光粒度分布仪快速测试立式磨超细加工的矿渣粉体的颗粒级配，应用分形理论分析评价了颗粒群的粒度分布特征，测试、计算了不同细度颗粒群的相应的分形维数。研究表明，超细矿渣粉颗粒群具有很好的自相似特征，在激光粒度分布仪下，根据分形理论可以迅速测试、计算出其粉体的分形维数，评价颗粒群的分形特征，为探索超细粉体细度特征与活性的内在规律和建立相关的数学模型提供重要的依据。

随着科学技术的发展，分形在地矿领域内的应用可能会越来越广泛，将为许多悬而未决的问题提供新的思路和途径。

## 1.3 遗传算法及其在矿业工程中的应用

### 1.3.1 遗传算法及其特点

近代科学技术发展的显著特点之一是生命科学与工程科学的相互交叉、相互渗透、相互影响。遗传算法的蓬勃发展正体现了学科发展的这一特征和趋势。遗传算法（GA）是一种启发式蒙特卡洛反演方法[68]，最早由美国 Michigan 大学的 Holland 教授提出[52]，经 Goldberg 进行总结发展，尤其是 1989 年《Genetic algorithms in search, optimization and machine learning》的出版[53]，形成了较为完整的遗传算法框架。此后遗传算法被迅速应用于机器学习、过程控制、经济预测、工程优化等领域并取得成功，引起了数学、物理学、化学、生物学、计算机科学、社会科学、经济科学及工程应用等领域专家的极大兴趣和广泛关注，被认为是 21 世纪关键智能算法之一。

遗传算法的求解思想是基于自然界的生物经历了从简单（低级）到复杂（高级）的长期进化过程，自然界所提供的答案是经过漫长的自适应过程而得到的结果，利用这一过程本身去解决一些较为复杂的问题，不必非常明确地描述问题的全部特征，只需要根据自然法则就可以产生新的更好的解。遗传算法是从代表问题可能潜在的解集的一个种群开始的，而一个种群由经过基因编码的一定数目的个体组成。每个个体实际上是染色体带有特征的实体。染色体作为遗传物质的主要载体，即多个基因的集合，其内部表现（基因型）是某种基因组合，它决定了个体形状的外部表现。因此，在一开始需要实现从表现型到基因型的映射（编码）工作。由于仿照基因编码工作的复杂，往往对其进行简化，如二进制编码。在每一代，根据问题域中个体的适应度大小挑选个体，并借助于自然遗产学的遗传算法进行组合、交叉和变异，产生出代表新的解集的种群。这个过程将导致其种群像自然进化一样的后生代种群比前代更加适应环境，末代种群中的最优个体经过解码可以作为问题近似最优解[36]。

### 1.3.2 标准的遗传算法

传统或标准的遗传算法的典型遗传操作包括三个基本算子：选择、交叉和变异。在优胜劣汰的遗传进化过程中，由于选择算子按与适应度大小成比例的概率进行操作，有时传统遗传算法可能会过早地产生会聚现象，使群体中局部最优个体大量蔓延，以致充斥整个群体（即产生近亲繁殖），从而使优化解落入局部最优的陷阱，即早熟。在生物界中，近亲繁殖可能导致某一群体的退化。避免近亲繁殖、维持群体多样性的有效方法之一就是从该群体外引入一定规模的同种的优秀个体，替换原群体中的不良个体，参与该生物群体的交配繁衍，以保证该群体的质量，防止因近亲繁殖导致的基因病变与衰退，即交叉和变异。传统的或标准的遗传算法（SGA）的操作步骤如下：

（1）编码。将处理空间的解数据表示成遗传空间的基因型串结构数据。

（2）初始群体的生成。通过随机方法产生初始群体的每个个体，即进化的第一代。

（3）适应度评估检测。构成一个评估函数，用来评价个体或解的优劣，并作为后续遗传操作的依据。

（4）选择。选择或复制操作的目的是为了从当前群体中选拔出优良的个体，使它们有机会作为父代，为下一代繁殖子孙。

（5）交叉。对配对库中的个体进行随机配对，并在配对个体中随机设定交叉处，使配对个体彼此交换部分信息。

（6）变异。把某一位的内容进行变异，这是十分微妙的遗传操作，它需要和交叉操作妥善地配合使用。

标准遗传算法的基本操作流程如图 1.5 所示。

遗传算法区别于传统优化算法，它具有以下优点：

（1）SGA 对问题参数编码成染色体后进行进化操作，而不是针对问题参数本身，这使得 SGA 不受函数约束条件的限制，如连续性、可导性等。

（2）SGA 搜索过程是从问题解的一个集合开始的，而不是从单个个体开始的，具有隐含并行搜索特性。

（3）SGA 使用的遗传操作均是随机操作，同时 SGA 根据个体的适应度信息进行搜索，无须其他信息，如导数信息等。

（4）SGA 具有一定的全局搜索能力，最善于搜索复杂问题和非线性问题。

遗传算法作为一种模仿生物进化过程的高效、并行、全局优化方法，由于其广泛的适应性，已成功应用于函数优化、机器学习、模型识别和自适应控制等各类问题。与传统的优化方法相比，遗传算法主要有以下几个特点：操作对象是一组可行解，而非单个可行解；具有良好的并行性；群体搜索策略和群体中个体之

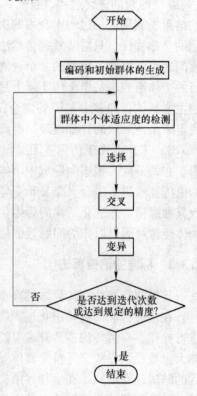

图 1.5　标准遗传算法的基本流程

间的信息交换，使搜索不依赖于梯度信息。它适合于处理大规模、高度非线性的不连续多峰函数的优化以及无解析表达式的目标函数的优化，尤其适用于处理传统搜索方法难以解决的复杂和非线性问题，具有很强的通用性、良好的全局优化性和稳健性，以及良好的可操作性和简单性，是 21 世纪有关智能计算中的关键技术之一。使用全局收敛算法的必要性，以及避免求逆运算以避开反问题求逆运算的奇异性，使遗传算法很快引起反问题研究者的注意和重视[54~56]。

### 1.3.3　遗传算法在矿业领域中的应用

近年来，随着计算机技术的发展，各种优化方法在矿业领域内得到广泛应用，并取得显著效果。然而，由于矿业自身的特点，许多结构性的技术决策仍未能实现优化。例如，关于矿山开拓运输巷道的空间位置确定、地下开采准切割巷道的拓扑结构的选择、各种经验公式的函数结构形式等还是凭经验主观决策，缺乏有效的科学方法。

遗传算法在国内外已经得到广泛应用，特别适合于解决其他优化方法不能解决或难以解决的问题，如结构优化、非线性优化、多目标决策、机器学习等，已成功地用于飞机结构设计、桁架结构优化、管线网络拓扑结构确定等领域。我国从 20 世纪 90 年代开始研究这门学科，现已成为继专家系统、人工神经网络之后又一受人青睐的学科。它在矿业领域中的应用非常有限，有待普及推广。

C. L. Karr 和 D. Yeager[56] 探讨了用遗传算法校验和优化矿物加工设备的数学模型。水力旋流器、磨矿机、浮选柱等设备的经验模型的建立，对其设计和控制非常重要，但对模型的优化，即经验常数的选择是非常复杂费时的。采用遗传算法，只需较小解空间即可得到优化的经验参数，经实验数据验证，优化后的设备模型有很高的仿真精度，适应能力很强。Karr[56] 在浮选厂控制中应用了遗传算法。把模糊技术与遗传算法搜索能力结合起来，用以优化原系统中的控制算法，可以自适应地控制药剂流量，达到稳定 pH 值的目的。Schofield 和 B. Denby[57] 进行了遗传算法的优化研究，已成功地用于确定露天开采边界，目前推广用于采剥进度计划的编制。

黄光球等人[58] 应用遗传算法理论提出了地下矿开拓运输系统优化方法。在该方法中，将根据矿体赋存条件和地表地形条件因素确定的众多可能后期开拓系统方案综合成一个庞大的网络流系统，以此系统为基础应用网络流理论建立结构优化模型，根据此模型应用遗传算法选出一个结构合理、费用最低的开拓运输系统。该优化方法具有求解速度快、求解过程稳定的优点，这为进行更大规模、更为复杂的开拓运输系统的空间结构优化提供了重要方法。

云庆夏等人[59] 讨论了遗传算法和遗传规划在矿业领域中的应用。介绍了遗传算法的基本内容，指出矿业中的许多问题错综复杂，很难进行定量描述，有必要采用遗传算法和遗传规划进行优化。

王战权等人[60]研究了遗传算法在采区设计优化中的应用。用单目标优化模型来分析，以采区吨煤费用最小为目标函数进行采区设计优化研究。根据倾斜长壁采区巷道布置方案的特点，采用二进制代码来表示，选用适当的遗传操作方法和控制参数，在随机生成初始二进制字符串基础上，反复迭代，直到满足终止准则，然后确定优化结果。他们以山东兖州矿务局南屯煤矿某水平区为例，得到了正确的采区参数。

喻寿益等人[61]研究了遗传算法及其在平面度误差求解中的应用。对标准遗传算法提出了一些改进，并应用于计算满足最小区域法的平面误差。采用实数值编码，其计算结果的精确度非常高，理论上可以获得全局最优解。改进的遗传算法简单明了、收敛速度快，在计算机上容易实现，可用于大坐标测量机等测量平面度误差的数据处理。

景广军等人[62]利用遗传算法具有高搜索效率和全局搜索能力的特点，把它嵌入到神经网络中，针对矿石可选性预测、磨矿分级过程预测、浮选生产指标预报三大问题，建立了相应的遗传神经网络模型，通过实例验证，模型的预测精度达 90% 以上。

李勇[63]为实现磨矿生产率的在线自动监测，提出采用支持向量机对磨机生产率进行在线监测，并应用改进的遗传算法对支持向量机的混合核参数进行了迭代优化选择，实验结果表明，该方法实现了磨矿生产率的高精度预测。

宋健采用遗传算法（GA）对硫砷铜矿生物浸出过程的模型参数进行了优化，使用该数学模型对硫砷铜矿的 $Fe^{3+}$ 浸出和生物浸出过程进行了过程模拟，并对浸出过程中 $Cu^{2+}$、$As^{3+}$、$As^{5+}$、$Fe^{3+}$ 和/或 $Fe^{2+}$ 离子浓度以及砷酸铁沉淀的动态变化进行了分析[64,65]。

针对矿业的特点，遗传算法在下述领域特别有效：

（1）结构优化设计。通常，矿业中的优化包括结构优化和参数优化两类。后者指采场尺寸、运输路线参数等，人们已成功应用运筹学、岩体力学等工具予以解决；前者指采场结构形式、开拓运输方式等，一直没有合适的优化方法。近年来人们已成功运用遗传算法解决桁架结构优化、管线网络结构等拓扑问题，说明该方法对矿业结构优化设计也会奏效。

（2）人工智能。遗传算法不仅可以表达知识，而且可以产生新的知识，已成为处理人工智能问题的有力工具。矿业中的技术决策常常依靠经验判断而不是数值计算。因此该方法可为处理矿业专家知识提供新的技术途径。

（3）复杂问题寻优。矿业中的许多问题，由于内部机理错综复杂，很难用数学函数表达。遗传算法是一种黑箱式的优化技术，可以进行全方位的搜索，在搜索过程中还可以诱导出更多的新方案。

（4）综合应用。随着科学技术的发展，各种学科不断交叉渗透。遗传算法也正和其他技术手段结合。例如，遗传算法和神经网络的结合、遗传算法和非线性方法（如混沌、分形等）的结合，解决了许多的问题，相信在今后的矿业领域内会获得更多更广泛的应用。

## 1.4 非线性反演方法及应用

### 1.4.1 反问题及求解反问题的特点和难点

如图 1.6 所示，以外界输入 $f$ 作用于模型系统（用模型参数 $p$ 描述），得到模型输出 $y$，是由因（外因 $f$，内因 $p$）求果（$y$）的过程，这是通常所说的正问题，是一个分析过程。若输入 $f$ 或模型参数 $p$ 部分未知量，而输出量 $y$ 可以进行测量得 $y'$，由 $y'$ 来估计这些未知量，即由果推因称为原问题的反问题（逆问题）。

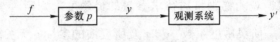

$$f \longrightarrow \boxed{参数\ p} \xrightarrow{\quad y \quad} \boxed{观测系统} \longrightarrow y'$$

图 1.6　反问题模型

反问题的提出，大约是受众多工程技术领域应用中产生的迫切需要所驱动[66,67]。它广泛存在于自然科学和工程技术各个领域，而其中以待定参数反问题最为常见。确定待定未知参数，在实践中有不同的途径可循，最明显最直接的是测量这些参数在一些离散点处的值。但这种似乎明显的方法有时是行不通的，其原因，或者是这种测量是十分昂贵的，或者这种测量是不可能的，这时人们不得不转而去测量与待定参数有一定关系的其他量或其他可获得的消息，去推断待求的量，因此就必然归结为一个反问题。可以毫不夸张地说，凡是有科学技术的地方就有反问题，它在人们认识自然、改造自然的斗争中将发挥越来越大的作用[66]。反问题可以归纳为以下三类[67]：

（1）如果已知信息 $y'$ 是由观测得到的，则这类反问题称为辨识问题（identification problem）。其中，求模型，称为系统辨识或模型辨识；而求外因，称为源的辨识或外部作用辨识。

（2）如果已知信息 $y'$ 不是实测出来的，而是人们希望的，这类反问题称为设计问题（design problem）。

（3）若在所求模型中或输入中有些部分可以由人们随时操纵其变化，则这类问题称为控制问题（control problem）。

可见，辨识、设计与控制都属于反问题的范畴。尽管从应用上看，辨识用于认识世界，设计与控制用于改造世界，目的有所不同，但抽象成数学问题以后，问题的提法却常常是一致的[67]。

反演问题的求解与正问题密切相关。这句话包含两层含义：（1）若正演问题遇到困难，没有解决（即物理规律不清楚），则反演问题无法解决。（2）在许多反演问题求解中（特别在非线性反演中）需要进行多次正演计算。因此欲求反演问题，首先必须建立在正问题已经研究清楚的基础上[68]。从数学角度说，就是方程求解的存在性、唯一性及稳定性的定解条件均已经清楚，而且在求解的计算方法也已经成熟的条件下，才宜提出反问题。从物理上看，也就是在因果关系清楚（即当各种因素确定时，所得的实验结果是确定的，可以重复的）的条件下提出反问题才有价值。

　　与正演相比，大多数反演问题的求解有其自身的特点和困难。

　　（1）线性问题。大多数反问题是非线性的，甚至对于许多线性正演问题，其反演问题亦可能是非线性的[67]。在许多情况下，可以根据待求参数在正演模型中的位置来判断反问题的线性与非线性。例如，认为联系模型参数和观测参数的数据的物理关系是线性的，则是线性反演；若是非线性的，则是非线性反演。但确切的方法应根据观测物理量对待求参量的灵敏度来判断[67]。以确定系统物理参量 $p$ 为例，当一阶灵敏度系数 $\dfrac{\partial y}{\partial p}$ 与 $y$ 及所反演的参量 $p$ 无关时，则反问题是线性的。线性反演问题，求解方法成熟，已经得到很好解决；而非线性反演问题更具有普遍性，其求解方法仍然处于随着非线性科学的发展而成熟和完善的过程中，这也是目前研究的热点问题。

　　（2）适定性问题。即反问题一般都是不适定性的[67]。反问题的不适定性一直是反问题理论研究和实际应用的瓶颈问题[68]。数学上的不适定问题是 J. Hadamard 在研究偏微分方程解的稳定性时提出来的。对于给定的偏微分方程（组）的定解条件，定解问题中解的存在性、唯一性和稳定性是三个理论上的基本问题。定解问题解的稳定性指对于某个定解问题如果存在唯一的解，而且在定解条件中原始资料作微小变化时解也作微小变化。因此，偏微分方程（组）的合理的定解问题应当满足解的存在、唯一和稳定三个要求，并将存在性、唯一性和稳定性统称为定解问题的适定性。凡是给定的条件不满足上述三个适定条件中的任何一个的定解问题称为不适定问题（ill-posed problem），即数学上提法不合适的问题；否则称为适定问题（well-posed problem）。例如，数学问题中的 Laplace 方程的 Direchlet 边值问题是适定的；椭圆形方程的柯西问题是不适定的，所以，正问题也可能不适定。

　　按照 Hadamard 的观点，不适定问题没有物理意义。现在一般的看法是，不适定问题具有非常有意义的"适定外延"，这些适定外延对未知部分引进了一些先验假定，例如 Tikhonov[69] 假定解具有某种"正则"性质，而 Franklin[70] 却假定已知模型空间上一个先验统计。从数学上来说，问题的不适定性是由算子的奇异性引起的。根据某种合理的准则修改算子以压制奇异性，并使之近似稳定的理论称为正则化[71]。

（3）计算量大。由于反问题是非线性的，且要采取相应措施来处理问题的不适定性，因而在反问题求解过程中要花费大量时间多次进行正问题计算。寻求在可接收的计算量内成功求解反问题的接收方法，是反问题应用于实际的需要。

近年来，随着人工智能和现代优化方法的发展，采用随机搜索技术来求解反问题，可以避开相应算子的求逆运算带来的求解过程的不适定性问题，为不适定性问题的解法开辟了新的途径。

## 1.4.2 非线性反演问题的求解方法

反问题的求解就是要寻求待求参数的值，使其按照正演模型计算所得到的观测量的理论值与观测值在某种给定的定义下一致。根据描述这种观测物理量的理论值和实际观测值一致性的不同，可以相应的有不同反问题解的具体定义形式。如，在早期传统数学物理反问题研究中采用等式定义这种一致性[72]，如解析法[73]、数值迭代法[74~76]等；又如选择某种函数空间并对该函数空间的点之间的距离定义之后，试图使在数据空间中观测量的理论数据和实测数据在这种距离意义下最近，如极值法[71,77]。这些反问题解的定义种类繁多，分散在各个不同具体领域之中[78]。

反问题求解方法的发展过程基本上是围绕着如何有效解决各个领域中反问题存在的不适定性和非线性问题而进行的。尽管不同领域中反问题发展，都带有本学科的特色，但求解方法方面具有很大的共性。目前发展的大量非线性反演方法大体上分为两大类[73,79]：

一类为线性化或拟线性化方法，即将非线性问题线性化，构成一种迭代模式，用逐次逼近的方法求解，是以建立的反演目标函数连续可微为研究对象的。包括最速下降法（梯度法）、共轭梯度法，牛顿法、高斯牛顿法，松弛法、超松弛法，变尺度法、改进的梯度正则法等[80,81]。由于这些线性化或拟线性化反演方法都是局部收敛算法，用它们求取的所谓满意解并不一定是我们欲求的最佳解；其意义仅是指在初始模型附近的最好解，实际上是初始模型附近某一极值所对应的解。因此，线性化或拟线性化反演方法强烈地依赖于初始模型，若初始模型给得不恰当，则所求得的解只能对应于可能求得欲求的整体极值所对应的在某种意义下的最佳解。能否恰当给出初始模型完全在于人们对模型的先验了解，即先验知识和先验信息[73]。

另一类为完全非线性反演法，它不涉及非线性问题线性化，通过各种途径直接解非线性问题，实现从数据空间到模型空间的映射。许多学者认为它是解决非线性反演问题的根本方法[72,73,79]。随着人们研究的深入，随着相关学科的不断发展进步，尤其是人工智能领域及现代优化方法的发展，完全非线性反演方法也得到了明显的发展。其中如采用随机搜索计算的几种元启发式算法：模拟退火法[82]、遗传算法[83~88]、混沌优化法[89]等，以及由这些方法结合构成的混合法，被改进发展应用于反问题求解。目前所指的完全非线性反演法一般指的就是这些方法。它们的研究代表了非线性反演研究的方向，也代表了反演研究的方向，是反演研究的前沿课题[80,82,89]。

## 参 考 文 献

[1] 林夏水. 国内非线性科学哲学研究综述 [J]. 哲学动态, 2000 (6): 25~29.

[2] 张天蓉. 蝴蝶效应之谜——走近分形与混沌 [M]. 北京: 清华大学出版社, 2013.

[3] 魏诺. 非线性科学基础与应用 [M]. 北京: 科学出版社, 2004.

[4] 杜杰, 刘启华. 非线性科学的回顾 [J]. 南京工业大学学报 (社会科学版), 2004 (2): 68~72.

[5] 王炜, 孙义燧. "非线性科学" 专辑·前言 [J]. 中国科学: 物理学 力学 天文学, 2014, 44 (12): 1251.

[6] 刘式达, 梁福明, 刘式适, 等. 自然科学中的混沌和分形 [M]. 北京: 北京大学出版社, 2003.

[7] 郝柏林. 从抛物线谈起——混沌动力学 [M]. 上海: 上海科技教育出版社, 1995.

[8] 格莱克. 混沌, 开创新科学 [M]. 张淑誉, 译. 上海: 上海译文出版社, 1990.

[9] 王东生. 混沌、分形及其应用 [M]. 北京: 中国科技大学出版社, 1995.

[10] 刘传孝. 非线性科学与土木工程应用 [M]. 郑州: 黄河水利出版社, 2017: 20~21.

[11] Zhou C S, Chen T L. Chaostic annealing for optimization [J]. Physical Review E, 1997, 55 (3): 2580~2587.

[12] Li Bing, Jiang Weisun. Optimizing complex functions by chaos search [J]. Cybernetics and Systems, 1998, 29 (4): 409~419.

[13] 张彤, 王宏伟, 王子才. 变尺度混沌优化方法及其应用 [J]. 控制与决策, 1999, 14 (3): 285~287.

[14] 王宁, 蔚承建, 盛昭瀚. 基于嵌入混沌序列的遗传算法 [J]. 系统工程理论与实践, 1999 (11): 1~4.

[15] 张春慨, 徐立云, 邵惠鹤. 改进混沌优化及其在非线性约束优化问题中的应用 [J]. 上海交通大学学报, 2000, 34 (5): 593~595.

[16] 张学义, 胡仕诚, 谢荣生, 等. 一种混沌神经网络及其在优化中的应用 [J]. 系统工程与电子技术, 2000, 22 (7): 69~81.

[17] 唐巍, 张学义, 李殿璞. 神经网络权值的混沌优化方法研究 [J]. 哈尔滨工业大学学报, 2000, 21 (3): 12~14.

[18] 钱富才, 费楚红, 万百五. 利用混沌搜索全局最优的一种混合算法 [J]. 信息与控制, 1998, 27 (3): 232~235.

[19] 金敏, 沈德耀. 变焦混沌优化焦炉燃烧专家控制系统 [J]. 中国有色金属学报, 1999, 9 (3): 631~635.

[20] 李兵, 蒋慰孙. 混沌优化方法及其应用 [J]. 控制理论与应用, 1997, 14 (4): 613~615.

[21] 胡行华. 混沌优化算法的研究与应用 [D]. 阜新: 辽宁工程技术大学, 2008.

[22] 毛景文, 华仁民, 李晓波. 浅议大规模成矿作用与大型矿集区 [J]. 矿床地质, 1999 (4): 291~297.

[23] 刘劲鸿, 王景峰. 略论非线性地质理论与矿业跨越式发展 [J]. 吉林地质, 2001, 20 (4): 7~13.

[24] 麻土华, 朱兴盛, 李长江. 成矿作用的混沌动力学性态 [J]. 地质学报 (英文版), 1998, 72 (4): 379~380.

[25] 徐德义, 於崇文, 鲍征宇. 热液成矿系统中一维反应扩散过程的混沌边缘 [J]. 地学前沿, 2004, 11 (1): 99~103.

[26] 彭涛, 何满潮. 煤矿软岩混沌力学特性的研究 [J]. 矿山压力与顶板管理, 1997 (1): 32~35.

[27] 秦广鹏, 蒋金泉. 综放面覆岩运动混沌性态的 Lyapunov 指数分析 [J]. 矿山压力与顶板管理, 2001 (1): 86~88.

[28] 周辉. 矿震孕育过程的混沌性及非线性预测理论研究 [J]. 岩石力学与工程学报, 2000, 19 (6): 813.

[29] 韩非. 矿井涌水量中的混沌及其最大预报时间尺度 [J]. 煤炭学报, 2001, 26 (1): 520~524.

[30] 蒋卫东, 李夕兵, 王卫华. 尾矿坝浸润线异常状况下时空混沌模型及非线性动力特性 [J]. 中南大学学报 (自然科学版), 2004, 35 (2): 328~332.

[31] 常伟. 基于混沌优化 PID 矿井提升机电控系统研究 [J]. 山西能源学院学报, 2019, 32 (3): 35~37.

[32] 张济忠. 分形 [M]. 北京: 清华大学出版社, 1995.

[33] 孙霞, 吴自勤, 黄畇. 分形原理及其应用 [M]. 合肥: 中国科技大学出版社, 2003.

[34] 申维. 分形混沌与矿产预测 [M]. 北京: 地质出版社, 2002.

[35] 郝柏林. 混沌与分形——郝柏林科普与博客文集 [M]. 上海: 上海科学技术出版社, 2015: 31~38.

[36] 刘传孝. 非线性科学与土木工程应用 [M]. 郑州: 黄河水利出版社, 2017: 10~11.

[37] 程小久, 等. 铅锌品位分维 $D$ 值的意义和计算程序 [J]. 地质与勘探, 1994, 30 (5): 30~35.

[38] 沈步明, 沈远超. 新疆某金矿的分维数特征及其地质意义 [J]. 中国科学 (B辑), 1993, 23 (3): 297~302.

[39] 秦长兴. 矿床学中若干问题的分形几何学研究 [D]. 武汉: 中国地质大学档案馆, 1989.

[40] Turcotte D L. 分形与混沌——在地质学和地球物理学中的应用 [M]. 陈永, 等译. 北京: 地震出版社, 1993.

[41] 陈春仔, 金友渔. 分形理论在成矿预测中的应用 [J]. 矿产与地质, 1997 (4): 272~276.

[42] 杨茂森，黎清华，杨海巍. 分形方法在地球化学异常分析中的运用研究——以胶东矿集区为例 [J]. 地球科学进展，2005（7）：809~814.

[43] 李洪志，宋玉国. 金矿脉分形特征及找矿意义研究 [J]. 贵金属地质，1997（1）：54~62.

[44] 张佳丽，谌伦建，张如意. 煤焦分形维数及其对比热容的影响研究 [J]. 燃料化学学报，2005（3）：359~362.

[45] 张永波，靳钟铭，刘秀英. 采动岩体裂隙分形相关规律的实验研究 [J]. 岩石力学与工程学报，2004（20）：3426~3429.

[46] 谢和平. 分形最新进展与力学中的分形 [J]. 力学与实践，1993，15（2）：9~18.

[47] 谢和平. 分形几何：数学基础及应用 [M]. 北京：中国矿业出版社，1990.

[48] 张智铁. 物料粉碎理论 [M]. 长沙：中南工业大学出版社，1995.

[49] 王谦源，姜玉顺，胡京爽，等. 岩石破碎体的粒度分布与分形 [J]. 中国矿业，1997（6）：50~55.

[50] 郭永彩，何振江，谢莉莉. 分形在超细微粒粒度测试中的应用 [J]. 重庆大学学报，1995，18（2）：59~62.

[51] 唐明，王涛，戚无恙. 激光仪下矿渣粉颗粒群分形特征的快速评价 [J]. 沈阳建筑工程学院学报（自然科学版），2003（3）：200~202，223.

[52] 陈国良，庄镇泉. 遗传算法及应用 [M]. 北京：人民邮电出版社，1996.

[53] Goldberg D E. Genetic algorithms in search, optimization and machine learning [M]. MA：Addson-Wesley, 1989.

[54] Holland J H. Adaptation in natural and artificial systems [M]. The University of Michigan Press, 1975.

[55] 罗新星. 浮选厂生产咨询专家系统的研究 [D]. 长沙：中南工业大学，1998.

[56] Karr C L, Yeager D. Calibrating computer models of mineral processing equipment using genetic algorithms [J]. Minerals Engineering, 1995, 8（9）：989~998.

[57] Schofield D, Denby B. Genetic Algorithm：A New Approach to Pit Optimization [C] //Proceedings of the 24th Application of computers and Operations Research in the mineral industry, Canada, 1993：56~72.

[58] 黄光球，桂中岳. 地下矿开拓运输系统优化的遗传算法 [J]. 有色矿冶，1997（3）：7~12.

[59] 云庆夏，黄光球. 遗传算法和遗传规划及其在矿业中的应用 [J]. 中国矿业，1997，6（2）：62~66.

[60] 王战权，云庆夏. 遗传算法在采区设计优化中的应用 [J]. 中国矿业，1999，8（3）：68~71.

[61] 喻寿益，廖平. 遗传算法及其在平面度误差求解中的应用 [J]. 中南工业大学学报，1999，30（1）：92~95.

[62] 景广军. 选矿专家系统开发理论及方法的研究 [D]. 长沙：中南大学，2000.

[63] 李勇. 磨矿过程参数软测量与综合优化控制的研究 [D]. 大连：大连理工大学，2006.

[64] 宋健. 金属硫化矿微生物浸出及浸出机理数学模型研究 [D]. 济南：山东大学，2010.

[65] 涂观海, 刘建兴, 王建法. 基于遗传算法的铜精矿品位预测模型 [J]. 福州大学学报 (自然科学版), 2017, 45 (2): 252~255.

[66] 李世雄, 刘家琦. 小波变换与反演数学基础 [M]. 北京: 地质出版社, 1994.

[67] 黄光远, 刘小军. 数学物理反问题 [M]. 济南: 山东科学技术出版社, 1993.

[68] 黄文虎, 马兴瑞, 陶良, 等. 弹性动力学反问题的研究进展 [J]. 哈尔滨工业大学学报, 1997, 29 (1): 1~5.

[69] Tikhonov A N, Arsenin V Y. Solution of ill-posed problems [M]. Fritz John Washinton Winston, 1997.

[70] Franklin J N. Well posed stochastic extensions of ill posed linear problems [J]. Journal of Mathematics Application, 1970, 31: 682~716.

[71] 杨文采. 地球物理反演的理论与方法 [M]. 北京: 地质出版社, 1997.

[72] Albert Tarantola. Inverse problem theory: Methods for Data fitting and model parameter estimation [M]. Elservier Science Plublishers, 1987.

[73] 张剑峰. 波动方程反演问题的研究及其在地震勘探中的应用 [D]. 大连: 大连理工大学, 1989.

[74] 姚姚. 蒙特卡洛非线性反演方法 [M]. 武汉: 中国地质大学出版社, 1998.

[75] 黄克智, 张远高, 鲁小蓉. 固体动力学中的反问题 [M]. 北京: 北京理工大学出版社, 1995.

[76] 熊盛武, 李元香, 康立山, 等. 抛物线物理方程的演化参数识别方法 [J]. 计算物理, 2000, 17 (5): 511~517.

[77] 艾伯特·塔兰托拉. 反演理论——数据拟合和模型参数估计 [M]. 刘福田, 译. 北京: 学术出版社, 1989.

[78] 王登刚. 非线性反演算法及其应用研究 [D]. 大连: 大连理工大学, 2000.

[79] 王家映. 地球物理反演理论 [M]. 武汉: 中国地质大学出版社, 1998.

[80] 刘迎曦, 王登刚, 张家良, 等. 材料物性参数识别的梯度正则化方法 [J]. 计算力学学报, 2000, 17 (1): 69~75.

[81] 王登刚, 刘迎曦, 李守巨, 等. 二维稳态热反问题的正则化解法 [J]. 吉林大学自然科学学报, 2000 (2): 56~60.

[82] 姚姚. 地球物理非线性反演模拟退火法的改进 [J]. 地球物理学报, 1995, 38 (5): 643~650.

[83] 金菊良, 丁晶. 加速遗传算法在地下水位动态分析中的应用 [J]. 水文地质工程地质, 1999 (5): 4~7.

[84] Marchuk G I. Methods of numerical mathematics [M]. New York: Springer-Verlag, 1975.

[85] Stoffa P L, Sen M K. Non-linear multiparameter optimization using genetic algorithms: Inversion of plane-wave seismograms [J]. Geophysics, 1991, 56: 1794~1810.

[86] Sambrige M, Drijkoningen G. Genetic algorithms in seismic waveform inverse [J]. International Journal of Geophysics, 1992, 109: 323~342.

[87] 石耀霖. 遗传算法及其在地球物理科学中的应用 [J]. 地球物理学报, 1997, 35 (增刊): 367~371.

［88］王兴泰，李晓芹，孙仁国，等. 电测深曲线的遗传算法反演 ［J］. 地球物理学报，1996，
　　　39（2）：279~284.
［89］王登刚，刘迎曦，李守巨，等. 识别导热系数和导温系数的温度场逆分析 ［C］//中国工
　　　程热物理学会热传质学学术会议论文，2000.

# 2 颗粒粒度及其检测方法

## 2.1 颗粒粒度及其表征

颗粒是在一定尺寸范围内具有特定形状的几何体。颗粒不仅指固体颗粒，还有雾滴、油珠等液体颗粒。一般来说，描述颗粒的几何性质可以从颗粒尺寸、颗粒的形状、颗粒面积等几个方面来表达，其中颗粒尺寸是最重要的。颗粒的粒度或粒径都是表征其所占空间范围的代表性尺寸。对于单个颗粒，常用粒径来表示其几何尺度的大小。实际中绝大多数情况下遇到的不是单颗粒粒度，而是颗粒群粒度。颗粒群是由许多不同粒度的单颗粒组成的，其表示方法须反映整个颗粒群的粒度情况，因此较单颗粒粒度的表示方法复杂得多。在表示颗粒群粒度时经常用到"产率"这一术语，它表示一定粒级的颗粒质量占全部颗粒质量的百分比。颗粒群粒度的表示方法也有很多种，主要的有以下几种。

### 2.1.1 典型特性参数表示法[1]

用颗粒群的一个典型特性参数的数值表示整个颗粒群的粒度，是颗粒群粒度表示方法中最简单、常用的一种方法。有以下几种表示方法。

#### 2.1.1.1 指定质量分数下的通过粒度值表示法

矿物加工工业中主要有用颗粒群中质量占 95% 的颗粒通过的粒度 $d_{95}$ 表示和用颗粒群中质量占 80% 的颗粒通过的粒度 $d_{80}$ 表示两种方法。

用 $d_{95}$ 表示颗粒群是苏联和我国 20 世纪 80 年代以前矿物加工工业中通常使用的方法。这一方法实质上是最大粒度法。因实际中往往难以准确确定颗粒群的最大粒度，因此用可以准确确定的 $d_{80}$ 作为最大粒度。用 $d_{80}$ 表示颗粒群是 Bond 第三理论使用的方法，欧美矿物加工工业中应用较普遍，目前我国矿物加工工业中也逐渐开始采用这一方法。

在工业矿物超细物料加工中常用 $d_{97}$ 作为最大粒度。

#### 2.1.1.2 通过指定粒度的质量分数表示法

通过指定粒度的质量分数表示法是矿物加工工业中经常使用的颗粒群粒度表示方法，这里的指定粒度一般是某个作业阶段的控制粒度。例如，在粉磨作业产品中，小于 75μm（200 目）的质量分数对矿物加工产品的精矿品位和回收率有重要的意义，因此对于这一作业阶段常用 $-75\,\mu m$ 质量分数表示粉磨作业产品的粒度。$-75\,\mu m$ 质量分数与 $d_{95}$ 之间存在表 2.1 的大致关系。

表 2.1　$-75\,\mu m$ 质量分数与 $d_{95}$ 之间的大致关系

| $-75\,\mu m$ 质量分数/% | 40 ~ 50 | 55 ~ 60 | 70 ~ 75 | 85 ~ 90 | ≥95 |
|---|---|---|---|---|---|
| $d_{95}$/mm | 0.3 | 0.2 | 0.15 | 0.10 | 0.075 |

### 2.1.1.3　平均粒度表示法[2]

对于由不同粒径颗粒组成的颗粒群，为简化其粒度大小的描述，常采用平均粒度的概念。平均粒度是用数学统计方法来表征的一个综合概括的数值。通常用加权平均法，即考虑变异标志的微分区间的数量来计算平均粒度。设粒群中某一微分区段的粒径为 $d_i$，其相应的粒子数（或产率 – 相对数量%）为 $n_i$，则有

算术平均粒度：
$$D_1 = \frac{\sum n_i d_i}{\sum n_i} = \frac{\sum n_i d_i}{n} \qquad (2.1)$$

若 $n$ 表示产率，则
$$D_1 = \frac{\sum n_i d_i}{100} \qquad (2.1a)$$

几何平均粒度：
$$D_g = \left( \prod d_i^{n_i} \right)^{1/n} \qquad (2.2)$$

若取对数，则
$$\lg D_g = \frac{\sum n_i \lg d_i}{\sum n_i} \qquad (2.2a)$$

调和平均粒度：
$$D_n = \frac{\sum n_i}{\sum \dfrac{n_i}{d_i}} \qquad (2.3)$$

对同一个颗粒群系统的计算结果是：$D_1 > D_g > D_n$。

上述平均粒度和其计算方法在破碎功耗学说研究中得到应用。

峰值平均直径：指的是在颗粒群中最高频度处相对应的粒径，如图 2.1 中的 $D_{mod} = 17.5\,\mu m$。

中位直径或中值直径：指在颗粒分布曲线上颗粒百分数为 50% 的那个点对应的颗粒大小。如图 2.1 所示，过累积百分数 50% 处作平行横坐标的直线，与分布函数曲线相交 $A$ 处，过 $A$ 点作横坐标的垂线，垂足的对应值即为中位直径 $D_{mid} = 16.3\,\mu m$。

上述的几何平均粒径、峰值平均直径和中位直径均没有物理意义，而且很难突出颗粒群的粒度分布特征。具有物理意义的平均粒径有平均表面积径、平均体积径、个数平均径、长度平均径、面积平均径和体积平均径等，见表 2.2。

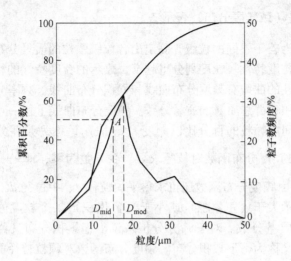

图 2.1 峰值平均直径和中位直径

**表 2.2 颗粒粒群的平均粒度的表示方法和计算公式**

| 平均径名称 | 符号 | 个数基准 | 质量基准 | 备 注 |
|---|---|---|---|---|
| 个数（算术）平均径 | $D_a$ | $\dfrac{\sum(nd)}{\sum n}$ | $\dfrac{\sum(W/d^2)}{\sum(W/d^3)}$ | 颗粒的总数或总长 |
| 长度平均径 | $D_m$ | $\dfrac{\sum(nd^2)}{\sum(nd)}$ | $\dfrac{\sum(W/d)}{\sum(W/d^2)}$ | |
| 面积平均径 | $D_{sm}$ | $\dfrac{\sum(nd^3)}{\sum(nd^2)}$ | $\dfrac{\sum W}{\sum(W/d)}$ | $S_W = \Phi/(\rho D_3)$，为颗粒群的比表面积 |
| 体积平均径 | $D_{vm}$ | $\dfrac{\sum(nd^4)}{\sum(nd^3)}$ | $\dfrac{\sum(Wd)}{\sum W}$ | |
| 平均表面积径 | $D_s$ | $\sqrt{\dfrac{\sum(nd^2)}{\sum n}}$ | $\sqrt{\dfrac{\sum(W/d)}{\sum(W/d^3)}}$ | $\Phi_s D_s^2$ 为颗粒平均表面积 |
| 平均体积径 | $D_v$ | $\sqrt[3]{\dfrac{\sum(nd^3)}{\sum n}}$ | $\sqrt[3]{\dfrac{\sum W}{\sum(W/d^3)}}$ | $\Phi_s D_v^3$ 为颗粒平均体积 |
| 调和平均径 | $D_n$ | $\dfrac{\sum n}{\sum(nd)}$ | $\dfrac{\sum(W/d^3)}{\sum(W/d^4)}$ | 平均比表面积 |

### 2.1.1.4 比表面积法

比表面积法是超细物料粒度的常用表示方法，是指单位质量或单位体积固体颗粒群所具有的表面积，分别称为质量比表面积和体积比表面积。一般来说，颗粒越细，比表面积越大。

## 2.1.2　粒度特性（或粒度分布）表示法

将颗粒群分为若干不同的粒级，测定出各粒级颗粒的质量分数所获得的数据称为该颗粒群的粒度特性。粒度划分得越窄，表示的粒度特性的精确度越高。描述颗粒群粒度特性的曲线有频度分布曲线和累积分布曲线。频率分布表示各个粒级颗粒的质量占颗粒群总质量的质量分数。频度分布曲线上任一点的值在该粒度处的单位粒度区间内颗粒的百分比以频度 $f(d)$ 表示，称为频度分布函数（或称概率密度）。通过频度分布函数对粒径求导，令导数为零，即 $\dfrac{\mathrm{d}f(d)}{\mathrm{d}d}=0$，可得到最多数粒径 $d_\mathrm{m}$；由频度分布函数还可求得平均粒径 $\bar{d}$、中位径 $d_{50}$、$d_{10}$ 和 $d_{90}$ 等。

累计分布表示大于（正累积）或小于（负累积）某个粒度值的颗粒质量占颗粒群总质量的质量分数。对于筛分分析来说，正累积分布又称为筛上累积分布，负累积分布又称为筛下累积分布。频度分布函数对颗粒粒径的积分称为颗粒的累积分布函数 $F(d)$，相应的曲线为累积分布曲线。二者的关系可以表示为：

$$F(d) = \int_0^d f(d)\,\mathrm{d}x$$

$$F'(d) = \int_d^\infty f(d)\,\mathrm{d}x \tag{2.4}$$

式中，累积分布函数 $F(d)$ 表示颗粒群中小于 $d$ 的颗粒所占的百分比；$F'(d)$ 表示颗粒群中大于 $d$ 的颗粒所占的百分比。显然，对于同一颗粒群的某一粒径 $d$，累积分布函数应满足关系：$F(d) + F'(d) = 1$。

通常，人们固然用 $f(d)$，但更多使用 $F(d)$。粒度特性可以准确反映颗粒群的粒度，并可以得出其他方法表示的粒度。粒度的统计分布可以选择四种不同的基准：

（1）个数基准分布。以每一粒径间隔内的颗粒数占全部颗粒总数中的个数表示，又称频度分布。

（2）长度基准分布。以每一粒径间隔内的颗粒总长占全部颗粒的长度总和的多少表示。

（3）面积基准分布。以每一粒径间隔内的颗粒总面积占全部颗粒的面积总和的多少表示。

（4）质量基准分布。以每一粒径间隔内的颗粒总质量占全部颗粒的质量总和的多少表示。

四种基准之间存在着一定的换算关系，但实际应用中主要还是采用频度基准分布和质量基准分布。实践中常见表征粒度特性的形式有以下几种。

### 2.1.2.1　列表法和作图法

列表法是将颗粒群的粒度测定和计算数据记录在表格上，是最简单、最准确的粒度特性表达方式，某物料的粒度特性测定数据见表 2.3。作图法是以颗粒群的粒度为横坐标，累积产率为纵坐标。根据表 2.3 的数据所作累积分布曲线如图 2.2 所示[1]。

表 2.3　粒度特性测定数据和计算实例

| 粒级/mm | 质量/g | 产率/% | 正累积产率/% | 负累积产率/% |
|---|---|---|---|---|
| +2.5 | 0.0 | 0.00 | | |
| -2.5 +2.24 | 11.7 | 5.85 | 5.85 | 100.00 |
| -2.24 +2.0 | 20.2 | 10.10 | 15.95 | 94.15 |
| -2.0 +1.4 | 46.0 | 23.00 | 38.95 | 84.05 |
| -1.4 +0.9 | 32.2 | 16.10 | 55.05 | 61.05 |
| -0.9 +0.63 | 28.9 | 14.45 | 69.50 | 44.95 |
| -0.63 +0.45 | 13.1 | 6.55 | 76.05 | 30.50 |
| -0.45 +0.28 | 13.9 | 6.95 | 83.00 | 23.95 |
| -0.28 +0.15 | 10.9 | 5.45 | 88.45 | 17.00 |
| -0.15 +0.100 | 5.7 | 2.85 | 91.30 | 11.55 |
| -0.100 +0.075 | 4.4 | 2.20 | 93.50 | 8.70 |
| -0.075 +0.045 | 4.4 | 2.20 | 95.70 | 6.50 |
| -0.045 | 8.6 | 4.30 | 100.00 | 4.30 |
| 合　计 | 200.0 | 100.00 | — | — |

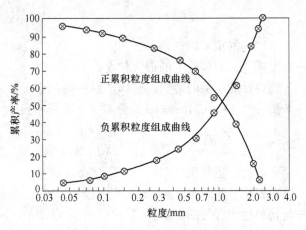

图 2.2　粒度特性累积分布曲线

#### 2.1.2.2　解析法

粒度分布曲线或函数既是描述粉碎磨矿产品粒度组成的适用形式，也是人们在粉碎磨矿工程领域进行交流的国际通用语言。粉碎磨矿过程可以看作其产品的粒度组成逐步发生变化的过程。此过程可以用给料的粒度分布 $f$、产品的粒度分布 $P$ 和破碎矩阵 $X$ 描述：

$$P = X \cdot f \tag{2.5}$$

或

$$\begin{bmatrix} x_{11} & 0 & 0 & \cdots & 0 \\ x_{21} & x_{22} & 0 & \cdots & 0 \\ x_{31} & x_{32} & x_{33} & \cdots & 0 \\ \vdots & \vdots & \vdots & \ddots & \vdots \\ x_{n1} & x_{n2} & x_{n3} & \cdots & x_{nn} \end{bmatrix} \begin{bmatrix} f_1 \\ f_2 \\ f_3 \\ \vdots \\ f_n \end{bmatrix} = \begin{bmatrix} x_{11} f_1 \\ x_{21} f_1 + x_{22} f_2 \\ x_{31} f_1 + x_{32} f_2 + x_{33} f_3 \\ \vdots \\ x_{n1} f_1 + x_{n2} f_2 + \cdots + x_{nn} f_n \end{bmatrix} \tag{2.5a}$$

在粒度分析中，常将此粒群 $P$ 分为一系列适当窄的粒级进行描述，或用表格，或用粒度分布曲线，以求给出更为直观的结果。如果磨矿机制造厂能够给出其产品的特性曲线，则不仅可以反映设备的性能，而且也方便用户对设备的选型。

粉碎磨矿产品的粒度分布具有一定的规律性，大多数都符合某种统计分布规律，因而可以用经验公式拟合，或者可以借助断裂力学的方法，采用一些解析函数来描述。

实际颗粒群的粒度分布取决于其生成条件。粒度分布函数种类繁多，下面仅列举一些常用的。

（1）高登－舒曼（Gaudin-Schuhman）分布：

$$F(d) = \left( \frac{d}{X} \right)^m \tag{2.6}$$

式中　$F(d)$——筛下产物的负累积产率；

$\quad\quad$ $X$——粒度模量，即理论上的最大粒度；

$\quad\quad$ $m$——与物料性质有关的参数，破碎产物一般介于 0.7 ~ 1.0 之间。

（2）罗逊－莱蒙勒尔（Rosin-Rammler）分布（R-R 分布）：

$$F(d) = 1 - \exp\left[ -\left( \frac{d}{X} \right)^m \right] \tag{2.7}$$

式中　$F(d)$——筛下产物的负累积产率；

$\quad\quad$ $X$——绝对粒度常数，当 $d = X$ 时，$F(d) = 63.2\%$；

$\quad\quad$ $m$——与物料性质有关的参数。

（3）对数正态分布：

$$F(d) = \int_{d_1}^{d_2} \frac{\lg e}{\sqrt{2\pi}\sigma_g d} \exp\left[ -\frac{1}{2}\left(\frac{\lg d - \lg d_{50}}{\sigma_g}\right)^2 \right] \mathrm{d}d \tag{2.8}$$

式中　$F(d)$——颗粒群中$[d_1, d_2]$粒级的颗粒含量；

$\quad\quad\sigma_g$——粒度分布的分散程度，$\sigma_g = \dfrac{d_{84.13}}{d_{50}}$；

$\quad\quad d_{50}$——颗粒群中质量占50%的颗粒通过的粒径，决定了颗粒粒径的大小。

（4）威尔分布：

$$F(d) = 1 - \exp\left( -\frac{(d-\alpha)^m}{d_{50}} \right) \tag{2.9}$$

式中　$F(d)$——筛下产物的负累积产率；

$\quad\quad m$——形状参数；

$\quad\quad\alpha$——位置参数；

$\quad\quad d_{50}$——颗粒群中质量占50%的颗粒通过的粒径，决定了颗粒粒径的大小。

其中高登－舒曼（Gaudin-Schahman）分布多用于破碎产品的粒度分布，适用于粒度一般较粗的物料；而罗逊－莱蒙勒尔（Rosin-Rammler）分布多用于磨矿产品的粒度分布，适用于粒度较细的物料；对数正态分布多用于粉碎法粉末、空气溶胶中的灰尘以及海滨沙粒等。在这几个粒度分布函数中均包含有粒度分布参数，对于这些参数的估计，传统的方法都是根据实测数据，对这些表达式进行线性化处理，然后作曲线，根据曲线计算出这些参数。如 R-R 分布，可以先把式（2.7）等式两边取对数，根据实测的累积粒度含量作直线，根据该直线的斜率和截距计算出 $m$ 和 $X$。这样虽然可以得到粒度分布，但是既不直观，也不方便，尤其是要用到这些表达式作为一个中间量，就很不方便，不便于数值化。在计算机技术高速发展的今天，很多传统的方法都可以通过计算机来处理。

## 2.2　粒度检测技术

### 2.2.1　传统的粒度测量方法

测量颗粒或颗粒群粒度的方法有很多[3,4]。基于各种方法适用原理的不同，归纳起来可分为筛分分析法、沉降分析法、计数法和比表面积法四大类。每种方法都有自己的应用领域和适用范围。其中筛分法、沉降法和显微镜法是最经典的粒度测试方法。

筛分法的优点是设备便宜、坚固、易制、易操作，适合于测定粗颗粒，测量时受颗粒形状的影响很大。沉降法是测定细粒物料粒度的常用方法，其原理是通过测定粒子在适当介质中沉降速度，根据 Stokes 公式来计算颗粒的尺寸。沉降分析通常要求在稀悬浮液中进行，以保证悬浮液中的固体颗粒均能自由沉降，互不干涉；同时在分析过程中还必须保持颗粒充分分散。一般仅对小于 0.1mm 的物料进行沉降分析。对于亚微米这一尺寸级，由于沉降速度较慢，导致测量时间太长；同时由于颗粒的布朗运动以及颗粒的凝聚效应使测量结果误差较大。显微镜法是借助显微镜目镜测微尺测定颗粒尺寸的方法，是一种直接统计不同颗粒个数的方法。为了保证分析的准确度，逐个测量的工作量很大，往往需要测定几千个粒子，同时制光片所需的试样量很少，取样很难；另外，操作者的疲劳、视野的选择方法、焦距的限制等都有影响。对亚微米级的超细颗粒测试，最直接、普遍的光学显微镜法显得无能为力。因为 2μm 以下的颗粒很难获得清晰图像。扫描电镜是少有的直接的可视化测量，它不仅可获得颗粒尺寸大小，也可以获得直观的形状信息。但它的制样过程复杂，有时甚至会破坏样品的原始状态。同时为了完成颗粒尺寸分布的测量，需做大量的图像分析和统计。若人工完成，不仅耗时，而且人为因素较多，引起误差较大；若用自动的图像分析技术，会带来成本的增加。同时在选择图片、确定形状尺寸到颗粒尺寸的转换中也存在着人工干预的人为因素。

## 2.2.2　在线粒度检测技术

在选矿生产过程中，改善磨矿回路控制的关键是连续测量和控制最终产品的粒度和浓度。选矿最终产品粒度不仅是实现选矿自动化过程控制的一个重要参数，也是操作人员操作的一个重要依据。粒度仪是一种连续矿浆流在线粒度检测仪器，是磨矿工艺流程控制中不可或缺的在线粒度测量仪器。通常情况下，矿浆酸碱度在 0~12 之间，可能有腐蚀性，流量在 32~72L/min 之间，矿样温度在 0~50℃ 之间，矿石密度在 2~5.5g/cm³ 之间。在线粒度检测设备在实际应用过程中，能够应用在多种环境中，有较强的现场适应能力。因此，在实际选矿自动化实施过程中，在线粒度分析仪主要针对磨矿段的粒度和浓度展开检测，将在线式粒度分析仪中的检测信号加入自动化控制系统，对其展开分析和控制，这种方式能够提升磨矿产品质量，为后续的选别生产提供相应条件。

20 世纪 90 年代以来，国内外选矿生产过程中主要应用了四种类型的在线粒度分析仪[3~7]：基于光衍射/散射式粒度分布测试器、基于电阻感应原理（即库尔特法）、基于直接距离测量技术的粒度测试仪器、基于超声波衰减的超声波矿浆粒度仪。

### 2.2.2.1　基于光衍射/散射式粒度分布测试器

利用激光光线所具有的单色性、直进性、聚光性以及容易产生干涉的相干光

(coherent)，容易引起衍射现象的光学性质，加以归纳后，提出并制成了许多用于测量颗粒粒度的光散射方法[8~11]、光透射方法[12]、光折射方法及其仪器[13~17]。但由于测量方法本身的限制，这些仪器基本上局限于实验室使用，处理的样品需高度稀释（固体浓度小于0.5%）且用量极少，显然不能满足工业界日益增长的在线实时检测要求。因此近几年，世界各国竞相发展激光粒度在线检测仪[18~21]，并取得了很大的进展。

世界上第一台激光粒度仪诞生于1976年，利用衍射理论进行设计，随后相继开发生产了许多产品。近年来，研究者在实现宽量程和小型化仪器方面不断努力，采用的方法是将米氏散射和夫琅和费衍射理论相结合，在多个角度采集散射光。国外对激光粒度仪的研发起步较早，发展也迅速一些。知名的公司有英国马尔文仪器公司、美国的克曼－库尔特公司、日本的HORIBA公司、德国的新帕泰克公司等。随着国内该领域应用技术日益成熟和发展，也逐渐被国产设备所取代，如济南维纳公司研发的Winner3000系列在线激光粒度分析仪、丹东测控研发的DF-PSM超声波在线粒度分析仪等，正逐步在水泥行业推广应用[22]。

颗粒粒度的光衍射/散射式的在线检测是基于夫琅和费衍射原理和米氏理论，即用平行单色光束照射颗粒时发生衍射现象，大颗粒的衍射光通过傅里叶透镜后沿小角度向前传播，而照射小颗粒的衍射光沿大角度向前传播，测量系统的光学原理如图2.3所示。用一束平行光照射被测颗粒群，由颗粒产生的前向散射光通过其后的接受透镜，被透镜后焦平面上的光电二极管接收，根据颗粒的散射光信号，可以求得颗粒的粒度尺寸。然而在线检测时，由于被测对象往往是运动中的颗粒流，有时甚至是高温高压下的颗粒流，因此在测量区的前后通常需加耐高温耐高压的石英玻璃窗。很显然，窗玻璃内表面上的污染颗粒也同样参与光的散射，换句话说，光探测器接收到的光散射信号中同样包含了被测颗粒的信息及污染颗粒的信息。这种方法还受其他因素的影响，如测量的样品很少（样品可能不具有代表性）、矿浆透明程度、气泡、颗粒形状、折射率等。

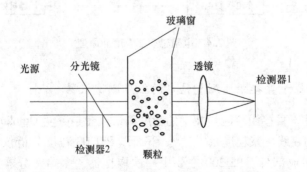

图2.3　激光衍射/散射式在线粒度检测仪测量系统示意图

### 2.2.2.2　电阻感应法（库尔特方法）

电阻感应法[3,4,24]是粒度分析的又一经典方法。它不受颗粒材质、结构形貌、颜色、折射率及光学特性的影响，几乎适用于所有类型的颗粒粒径的测量。

电阻感应法粒度计原理图如图 2.4 所示，稀释后的被测悬浮液放进电解液中，于是悬浮液颗粒被电场引导通过一小孔，由此引起电阻的瞬时变化从而带来电流的变化。随着颗粒逐个经过小孔，将产生一系列的电脉冲。脉冲的大小正比于颗粒的大小，同一幅值的脉冲个数反映了对应尺寸粒子的个数，从而可以测量粒子的尺寸以及颗粒数分布。它的测量速度可达几千颗/s，具有较高的统计可信度。这一方法每次可测的粒子动态范围是小孔直径的 2% ~ 60%。例如，一个孔径为 15μm 的小孔管传感器，可测的粒径动态范围为 0.3 ~ 7μm，因此它能测量的粒子的分布范围较窄。当要测一个宽分布的样品时，为保证精度，必须采用多个不同孔径的小孔管传感器才行。这是库尔特方法不方便的地方。另外，它需要电传导介质，对分布的测量需多个小孔管传感器，使得操作不便。最后，小孔一旦堵塞，很难清洗，更换起来很困难。

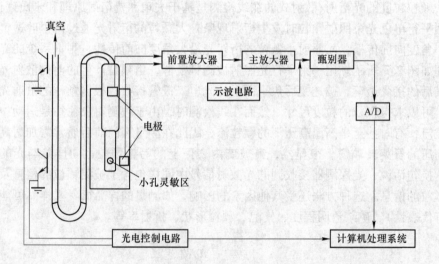

图 2.4　电阻感应法粒度计原理

### 2.2.2.3　基于直接距离测量技术的粒度测试仪器

最典型的基于直接距离测量技术的粒度测试仪器是芬兰 Outokumpu 公司研制的代号为 PSI 的在线矿浆粒度仪[25~30]。下面以 PSI200 粒度分析仪为例介绍其工作原理及主要组成部件。PSI200 主要由一次取样器、多路切分器、电子控制装置、粒度探头装置、取样标定装置等主要部件组成，如图 2.5 所示。其核心部件是粒度探头，如图2.6所示，该探头由交流电动机、减速机构、凸轮传动机构、柱塞和差动变压器等组成。

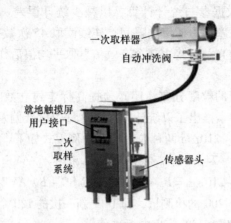

一次取样器
自动冲洗阀
就地触摸屏用户接口
二次取样系统
传感器头

图2.5　粒度分析仪主要组成部件

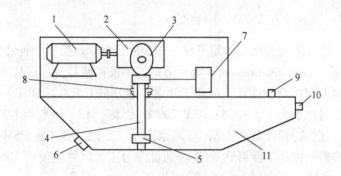

图2.6　PSI200 粒度探头结构

1—交流马达；2—减速机构；3—凸轮；4—柱塞；5—可更换耐磨陶瓷头；6—矿浆出口；
7—差动变压器；8—复位机构；9—清水入口；10—矿浆入口；11—测量槽

通过电动机-减速机构-凸轮传动使柱塞按每秒一次一上一下垂直运动。柱塞头采用高精度耐磨的易更换陶瓷材料制成。测量槽与清水槽相连，当清水流过时，因水中无颗粒，可认为粒度为零，可以做 PSI200 的零校验；而当矿浆平稳流过测量槽时，柱塞撞击矿浆中的颗粒，撞击的颗粒大小不同，柱塞运动的距离也不同，柱塞与差动变压器磁芯相连，从而将距离信号转变成电信号，电信号送入信号处理器变成标准 4～20mA 输出，样品矿浆通过泵打回到原来取样的矿浆管中。PSI200 基于直接测量的思路，引入计算机技术和数理统计理论而获得成功。认为生产过程中矿流的各种粒级的粒度分布满足正态分布规律，较小和较大颗粒出现的概率小，中等颗粒出现的概率大。在矿流从测量槽流过时，柱塞上下运动，对于较小的颗粒柱塞撞击不到，对于较大颗粒虽然被优先撞击检测，但概率很小，所以柱塞撞击的频率主要是中等颗粒所致。为了提高测量的准确性和精度，必须采集足够的数据参与统计计算，以减少统计误差。PSI200 充分利用了 PLC 的速度优势，在柱塞撞击矿流的瞬间，连续读取 45 次数据，取 45 次数据的平均值作为一个有效信息，再将 120 个有效信息取平均值后作为最终的参与计算的信息。

为了得到两种粒级的粒度分布，还必须提高标定建立数学模型。芬兰 Outo-kumpu 公司经过多年探索推出了以统计量和统计量的标准偏差为自变量的多元线性模型，以 $-74\mu m$ 和 $+210\mu m$ 两种粒级分布为例模式如下[26,27]：

$$\% - 74\mu m = A_0 + A_1 \text{AVE} + A_2 \text{SD} + A_3 / \text{AVE}$$
$$\% + 210\mu m = B_0 + B_1 \text{AVE} + B_2 \text{SD} + B_3 / \text{AVE}$$

式中　　　　　AVE——PSI200 的检测量，即 1s 更新一次的 120 个有效信息的平均值；

　　　　　　　SD——120 个有效信息的标准偏差；

$A_0 \sim A_3$，$B_0 \sim B_3$——回归系数。

### 2.2.2.4　超声波矿浆粒度分析仪

在选矿厂中应用最为广泛的超声波在线粒度分析仪是美国的丹佛自动化公司以 PSM（particle size measurement）为代号的超声波矿浆粒度分析仪[3,7,31~34]。其第一代产品为 PSM-100 粒度计，适合于测量粒度分布为 20% ~ 80% -270 目的矿浆，适宜的物料比重为 2.5 ~ 3.5；PSM-200 粒度计适合于 -500 目粒级达 90% 的细粒物料，适宜的物料比重可达 5，应用范围很广；现已生产出 PSM-400，配有微机，处理的矿浆体积浓度可达 60%。到目前为止，世界上使用 PSM 仪器已经超过 400 套，我国从 1986 年开始先后引进了 13 台，分别在 5 个矿山选矿厂使用，江西铜业公司永平铜矿在使用和维护上取得了很好的经验[3]。

基本的 PSM-400 超声波粒度仪由五部分组成，如图 2.7 所示，来自工艺流程的矿浆经取样装置进入空气消除器，除掉混入矿浆中的气泡后，流进超声波传感器进行检测，被检测过的矿浆再返回流程中去，传感器配置了双探头，从传感器检测出来的频率衰减信号经过电子处理装置，转换成代表粒度和浓度的 4 ~ 20mA 标准信号输出，送到现场指示器、记录仪和过程控制中心，从而对磨矿过程进行监视或控制。

目前国外生产的超声波粒度仪（如 PSM-400 超声波粒度仪），价格昂贵，其关键部件空气消除器振动大、旋转叶轮磨损严重、停机保护频繁，且为单点检测，难以适应我国选矿厂的要求。我国马鞍山矿山研究院从 20 世纪 80 年代就开始研究超声波粒度仪，现已研制出 CLY2000 型超声波粒度计，其基本原理和美国丹佛公司生产的 PSM 超声波粒度仪相同[3]，即采用超声波衰减测量技术，通

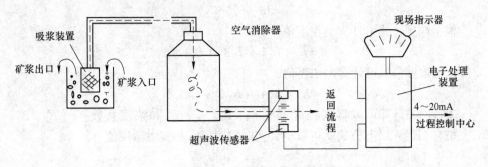

图 2.7 PSM-400 配置

过检测超声波信号在矿浆中的振幅衰减达到在线测量矿浆粒度与浓度的目的，这一技术在国内超声波测量领域处于领先地位。应用这一技术，可提高矿浆粒度与浓度测量的精度与稳定性，较之传统的矿山用粒度测量手段有着明显的优越性。该仪器采用的超声波探头为水浸式探头，具有全密封、高透声、耐磨损和耐腐蚀的特点，经现场使用，能够满足要求。

CLY 型超声波在线粒度分析仪由取样装置、超声波探头、控制器及计算机数据处理装置等组成，如图 2.8 所示。

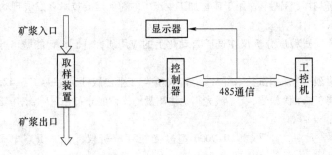

图 2.8 CLY 超声波粒度仪系统组成框图

仪器的取样装置由给矿箱、分矿箱、超声波探头（2 对）等组成。取样装置接收矿样，通过超声波探头实时检测并传输超声波信号给控制器。使用仪器必须保证矿流在取样装置中有稳定的流量和液位。仪器的控制器由开关电源、超声波发射板、超声波接收及 485 通信板组成。控制器接收取样装置传送的实时超声波信号，对信号进行放大和 A/D 转换后，送入单片机处理，并送入上位机。工业控制计算机（即上位机）通过 485 通信转接头与控制器及显示屏通信。计算机接收控制器传出的 $C_1$、$C_2$ 信号（分别为探头 1、探头 2 上传的参数），计算出 $A_1$、$A_2$：

$$A_1 = \ln(4095/C_1)$$

$$A_2 = \ln(4095/C_2)$$

根据粒度公式可计算出粒度值：

$$L = L_0 + L_1 A_1 + L_2 A_2 + L_3 A_1 A_2$$

根据浓度公式可计算出浓度值：

$$N = N_0 + N_1 A_1 + N_2 A_2 + N_3 A_1 A_2$$

通过回归计算可以得到粒度系数 $L_0$、$L_1$、$L_2$、$L_3$ 和浓度系数 $N_0$、$N_1$、$N_2$、$N_3$，把它们代入以上公式就可以得到实时粒度值 $L$ 和实时浓度值 $N$。

## 参 考 文 献

[1] 吴建明. 粉碎试验技术 [M]. 北京：冶金工业出版社，2016.

[2] 卢寿慈. 矿物颗粒分选工程 [M]. 北京：冶金工业出版社，1990.

[3] 李忠义，李伟，熊国林. 选矿自动化中矿浆粒度的在线检测 [J]. 矿冶，1996 (3)：89 ~ 93，99.

[4] 曾凡，胡永平. 矿物加工颗粒学 [M]. 徐州：中国矿业大学出版社，1995：33 ~ 73.

[5] 曾云南. 现代选矿过程粒度在线分析仪的研究进展 [J]. 有色设备，2008 (2)：5 ~ 9，18.

[6] 邢真武，杨均彬，王静美. 用于矿物加工生产中的粒度检测技术之发展现状 [J]. 有色设备，2009 (5)：1 ~ 7.

[7] 徐秀祥. 在线式粒度分析仪在选矿自动化上的应用研究 [J]. 智能城市，2019，5 (5)：172 ~ 173.

[8] 罗蒨，邓常烈. 选矿测试技术 [M]. 北京：冶金工业出版社，1989：17 ~ 42.

[9] 秦汝虎，崔正国，滦松岩，等. 激光衍射法测量粉体粒度分布 [J]. 哈尔滨工业大学学报，1987 (8)：59 ~ 66.

[10] 曾昭春，吴元海，许平吉. JL-9000 型激光粒度分析仪 [J]. 山东电子，1998 (2)：25 ~ 26.

[11] 杨玉颖，解庆红，赵红，等. LS230 激光粒度仪及其应用 [J]. 现代科学仪器，2002 (3)：41 ~ 43.

[12] 伊藤均. 利用激光衍射、散射测试粒度分布的最新技术 [J]. 现代科学仪器，1994 (1)：52 ~ 53.

[13] 金佑国，蔡仲滔，何克伦，等. SICAS-4000 光透式粒度分布测定仪 [J]. 上海计量测试，1989，16 (3)：5 ~ 8.

[14] 王建萍，谢世钟，张以谟. 半导体激光器在激光粒度测试仪中的应用 [J]. 应用激光，2001，21 (3)：177 ~ 179.

[15] 王乃宁，虞先煌. 基于米氏散射及夫琅和费衍射的 FAM 激光测粒仪 [J]. 粉体技术，1996，2 (1)：1 ~ 6.

[16] 郑刚，张志伟，蔡小舒，等. 一种新型的颗粒粒度分析——消光式测粒仪 [J]. 仪器仪表学报，1995 (3)：333 ~ 336.

[17] 吕方. 国内外激光粒度仪性能特点对比 [J]. 中国非金属矿工业导刊, 2005, 47 (3)：35～36.

[18] 段清兵, 汪广田, 何国锋, 等. 水煤浆激光粒度仪的原理与应用 [J]. 煤炭科学技术, 2005, 33 (2)：74～76.

[19] 郑刚, 蔡小舒, 张志伟, 等. 用于激光粒度在线分析的两次测量法 [J]. 中国激光, 1996, 23 (3)：269～272.

[20] Sparks R G, Dobbs C L. The use of laser backscatter instrumentation for the on-line measurement of the particle size distribution of emulsions [J]. Particle and Particle Systems Characterisation, 1993 (10)：279～289.

[21] 郑刚, 张志伟, 蔡小舒, 等. 颗粒浓度及粒度的光散射在线测量 [J]. 中国激光, 1998, 25 (3)：285～288.

[22] 蒋凡伟. 在线式激光矿浆粒度仪的研究与开发 [D]. 唐山：河北联合大学, 2015：3～5.

[23] 张风刚. XOPTIX 在线激光粒度分析仪的介绍及在 5000t/d 生产线中的应用 [J]. 水泥, 2017 (7)：44～45.

[24] 黄长雄, 马作楠, 何弗. 库尔特激光颗粒粒度分布分析仪 [J]. 国外分析仪器技术与应用, 1992 (3)：80～81.

[25] 龙茂雄, 由文职. 新型高精度粒度分析仪的研制 [J]. 仪器仪表标准化与计量, 2001 (6)：29～35.

[26] 崔学雷. 新型粒度分析仪 PSI 200 介绍及应用 [J]. 自动化博览, 2000 (2)：24～25.

[27] 胡志平. PSI-200 粒度仪的简介与应用 [J]. 有色金属 (选矿部分), 2003 (2)：30～32.

[28] 于代林, 李春光. PSI-300 型粒度仪在调军台选矿厂的应用 [J]. 金属矿山, 2010 (8)：748～751.

[29] 于代林, 郭瑞, 李建平, 等. PSI-300 粒度分析仪故障分析与维护策略 [J]. 有色冶金设计与研究, 2017, 第38卷 (6)：74～76.

[30] 王硕, 兰希雄, 莫峰. 粒度分析仪在某选矿厂的工业应用 [J]. 中国化工贸易, 2017, 9 (4)：151～152, 155.

[31] 何桂春, 毛益平, 倪文. 超声波技术在选矿中的应用 [J]. 金属矿山, 2003 (12)：40～43, 63.

[32] 屈如意. DF-PSM 在线超声波粒度分析仪在金堆城百花岭选矿厂的应用 [J]. 科技传播, 2017, 6 (10)：176～177.

[33] 赵海利, 赵宇, 陆博. 嵌入式控制器在 BPSM-Ⅲ型在线粒度分析仪开发上的应用 [J]. 有色金属 (选矿部分), 2016 (1)：73～76.

[34] 孙时元. 在线粒度分析仪系统对移动皮带输送机测定的现场评价 [J]. 矿业快报, 2016 (4)：16.

# 3  超声测粒技术理论模型

## 3.1  超声测粒技术

颗粒两相体系中的声吸收现象早在 20 世纪初就受到了科学家们的注意，1910 年，Sewell 研究了雾中的声吸收[1]。1945 年，Foldy 研究了高浓度下声波的复散射现象[2]。1948 年，Urich 发现悬浮液中的声吸收很大部分是由于流体和颗粒之间的黏滞和散射作用引起的[3]。1953 年，Epstein 和 Carhart 研究了声在悬浮液和乳剂中的吸收现象，指出颗粒间动量交换和气溶胶中的热传导也是引起声吸收的重要原因[4]。1972 年，Allegra 对 Epstein 等人的理论进行了发展，他与 Hawley 一起工作，较系统地研究了悬浮液和乳剂中的声衰减问题，并得出了计算衰减和声速的数学模型[5]，该工作意义重大，被称为具有里程碑性质的进展。上述工作为基于声衰减理论的颗粒测量仪器的研制提供了理论依据，但由于超声波测粒理论体系本身的复杂性，将它运用到仪器研制方面遇到不少困难，基于 Allegra-Halwey 模型的仪器直到 1992 年才由 Alba 等人完成[6]。

Malcolm Povey[7,8]研究声速、声衰减之间的关系以及声波与离散相之间的相互作用，认为胶体系中的基本损失机制是热损失（体积的收缩和扩张）以及黏性（离散相与连续相之间的相互运动）。

英国 Keele 大学的 R. E. Challis 和 A. K. Holmes 等人[9~11]对多种模型进行了比较，并做了大量的实验研究，探讨了不同物性对于声速和声衰减的影响；在高浓度颗粒悬浊液的研究，主要讨论了复散射因素的影响，对一些复散射模型进行了研究和比较。

在 Sydney 大学和澳大利亚胶体力学研究中心，Robert Hunter 领导着一个研究组，其主要研究内容是关于胶体悬浊液的电声特性[12,13]。其研制的 Acoustosizer 系统是通过动态测量 300kHz ~ 12MHz 之间的脉冲波下迁移率的相和振幅来进行工作的。Hunter 描述了在所应用的场中，复迁移率是如何依赖于胶体的内部反应的；同时其按照 O'Brien 理论从剪切平面势中解析出颗粒的尺寸数据。同样重要的是动态测量使每一个剪切平面势成为可能。其他的一些关键点包括内部电荷偏振在半导体胶体中的效应，需要在高浓度（10% 的体积浓度）使用经验修正，以及多分散分布的情况等。Hunter 给出了许多例子，表明该方法在广泛的工业领域中的材料（如水泥、煤－水浆和乳剂）中是很有效的。

颗粒散射技术有限公司（Dispersion Technology）是美国一个采用超声波和电

声谱进行颗粒测量的公司，其推出的仪器基于 ECAH 模型的理论，同时将声谱和电声谱融合起来。Dukhin[14~16]认为这一融合将会带来比其中任何一种技术单独应用时更多的对离散系中各种属性更为精确的描述。他对潜在的理论进行了比较完整的介绍，指出各种设想在应用中的一些局限性，采用一个单元模型的方法，离散技术能够拓展大量的黏性衰减理论的应用，采用他们的 DT 系列仪器，如DT100 测量的体积浓度可以超过 35%，而通常的稀释理论只能工作在 10% 的体积浓度下。Harker[36]给出了很多种在材料中应用的例子。在他的一些讨论中，区别了耗散（黏性、热、电声）和非耗散（散射）损失，同时对于引起争论的关于如何对衰减的机制完整描述的问题进行了解释。

Felix Alba 咨询公司的 Felix Alba[6]研究了采用超声谱方法测量高浓度下颗粒尺寸的技术。他对于超声分析中的基本步骤（数学模型、谱的测量以及反演算法）以及基本的散射理论，进行了非常详细的介绍；同时他强调指出，对于高浓度中复散射的情况需要发展一种新理论方法。

Sympatec 公司是一家德国比较有名的颗粒测量仪器和技术公司。其产品Opus 超声波衰减仪器可分析高浓度悬浊液体系的颗粒尺寸分布。该公司较好地处理了与测量相关的一些方面（如测量精度、准确性、干涉等问题），并注意了在在线和离线测量中如何将测量系统与工业控制过程进行耦合的问题，同时介绍了将气泡的影响从测得的谱线中去除的方法。

超声颗粒测量技术一个很重要的优势在于解决高浓度离散体系中的测量问题，因此有很多学者的研究兴趣在高浓度所带来的新问题。德国 Cottbus 大学的U. Riebel[17]长期致力于颗粒的光学、超声学以及沉降法的研究，他介绍了超声衰减和相速度的方法在密度较大的颗粒悬浊液中的理论和实际应用。讨论的范围主要在短波区（颗粒尺寸 >> 波长），介绍了颗粒与波相互作用的物理机制，其中包括卷吸、散射和共振。该理论的消声效应是基于 Mie 散射理论的，并根据 Hay & Mercer 的理论做了修正。由于声衰减在很大程度上受到共振的影响，故其机理目前还没有能够很好的理解。Riebel 的很多工作是研究高浓度情况的声衰减机制[18,19]。他认为在高浓度情况下颗粒之间的相互作用是最为重要的因素，以及这种作用对于密度较大的颗粒系中超声测量的影响。列出了三种相互作用，必须在短波区间加以考虑：复散射、相关散射、颗粒间相互作用。他认为复散射在大多数情况下不是高浓度效应的正确解释，按照所起作用的重要程度来排列应该是：（1）颗粒相互作用；（2）相关散射；（3）复散射。

Los Alamos 国家实验室的 Arvind Sharma[20]进行了颗粒体系超声衰减谱的实验研究，Sharma 展示了一些数据证实了一个由在线探头原型改进的商业自动超声频谱仪的性能情况。他指出当声速和声衰减谱由一个复波数同时获得的时候，可以观察到新的谱现象。尤其是在低频和高频区，衰减系数对固体相粒度有一个复杂的依赖关系。Sharma 建议通过一个单一经验参数，用一个等效的声电直径代表颗粒尺寸分布。

W. H. Lin[21] 的工作可以概括为采用统一耦合相连续模型研究高浓度离散系中的声衰减：散射波和耦合相。悬浊液被认为是两相（固相和液相），它们通过动量和能量交换的相互作用，通过在其中耦合热和黏性机制，可以对其进行修正，Lin 采用了一个单元内震荡球模型来解释颗粒浓度和尺寸。

除了各种测量技术和理论外，如何将超声波测粒技术应用到在线实时测量也有不少值得研究之处。

Dupont 研究开发中心的 D. M. Scott[22,23] 在其文章中介绍了关于超声波衰减谱的工业应用。Scott 研究了高浓度体系测量中的在线操作，尤其是当颗粒的属性不能通过传统方法确定的时候。他概括了许多在发展完善测量体系时会遇到的科学和技术上的困难，包括空气气泡、换能器设计、颗粒尺寸分布方程的选择以及颗粒形态的复杂性。

在商业仪器开发方面，与其他原理的测粒仪相比，超声测粒仪器还处于发展阶段，较成熟的商业仪器并不多见，且价格都比较昂贵，下面介绍几种商业用超声测粒仪器。

Ultrasizer 是由 Malvern 公司开发的一种基于 ECAH 模型的超声测粒仪，其测量的颗粒尺寸范围为 10nm ~ 1000μm。体积浓度范围为 0.5% ~ 50%，测量频率范围为 1 ~ 150MHz。Ultrasizer 仪器采用了两套发射和接收系统，分别用于高频和低频超声的发射和接收，以满足较宽尺寸测量范围的要求。

Dispersion Technology 公司宣称其 DT 系列仪器（DT100、DT200、DT1200）能够测量很多类型的样品：油漆、云母、化学抛光材料、陶瓷、氧化镉、硝酸盐、硅、氧化铝、钡、钛酸盐、水泥、橡胶、煤，以及制衣、化妆、照相业中材料。同时可以测量一些混合材料，以及超细微粒，下限达到 1nm。公司网页给出了大量样品的测量结果。

Opus 商业仪器采用一对频率从 2 ~ 80MHz 之间可变频率的超声换能器，模型是 Lamber-Beer 定律，于 1990 年被 Sympatec 公司引进，并做了许多改进。其测量仪器在工业领域有广泛应用，包括结晶过程、湿粉制备、食品胶体以及油 – 水的乳剂等。

此外，也还有一些关于仪器开发方面的报道。Matec 和 Sydney 大学联合研制出 Acoustosizer 测粒仪。该仪器的测量范围为 0.1 ~ 10μm。可测的最高体积浓度为 40%，但该仪器不能用于在线测量。Pendse 和 Sharma 联合研制的 Acoustophor 测粒仪[20]，分离线和在线两种型号。可测体积浓度高达 50%，粒径范围为 0.01 ~ 100μm 的粒径分布。包括 DuPont 公司的系列产品等。

在国内也有一些基于超声波技术的颗粒测量的相关报道。如孙承维[24] 的《高浓度悬浮液声学特性的探讨》，给出了高浓度悬浮液中一个近似的声速和声衰减计算公式。还有刘玉英等人[25,26]的《用超声技术测定水煤浆中煤粉浓度》《用超声技术测量河流含沙量的研究》；阎玉舜等人[27]的《采用超声脉冲背向散射法测量悬浊液浓度》；贾春娟[28]的《利用超声测量水中含沙垂线分布的方法》；时钟等人[29]的《河口近细颗粒悬沙运动的声散射观测》；张淑英等人[30]的《高浓度悬浮泥沙的声学观测》；陈彦华等人[31]的《用于测量流量和含沙量的超声波液位测定系统》；于连生等人[32]《声光悬浮沙粒径谱测量仪》；苏明旭等人[33~35]的《超声测粒技术及其在二相流测量中的应用的进展与现状》《超声衰减法测量颗粒粒度大小》《超声衰减法测量悬浊液中颗粒粒度和浓度》。但总体来讲，国内在超声测粒方面的研究与国外尚有较大的差距。目前所了解到的此类仪器（如马鞍山矿山研究院的 CLY 型超声波粒度仪、中科院山西煤炭化学所的超声测沙仪），所用的超声换能器频率只有几兆赫兹，仅限于测量粗颗粒（如沙粒）的浓度和平均粒径；钱炳兴等人的超声波浮泥重度测量仪是采用经验公式求解泥沙的质量浓度。

从掌握的文献看，目前国内很少有人对超声颗粒测量这一专门技术进行系统深入的研究。分析差距所在，主要有以下几个方面的原因：

（1）超声颗粒测量仪器中配套硬件的研制技术的工艺落后于发达国家。以超声测粒仪中的重要部件超声换能器为例，美、德等国目前在超声测粒仪中使用的高频超声换能器可以实现从 1 ~ 200MHz 连续可调，而目前国内市场上出售的超声换能器最高频率只有 25MHz，并且频率多为固定不可调的。

（2）超声颗粒测量从声波在高浓度颗粒系中的散射、吸收、衰减理论，到为解出颗粒系粒度分布而进行的反演理论计算都是复杂的，目前国内的研究水平仍然落后。

（3）由于我国工业整体水平以及产品生产中的质量意识还比较滞后，因此目前对高浓度在线颗粒测量技术的需求低于发达国家。

## 3.2 非均相体系超声波衰减的理论模型

超声波穿过矿浆体系后会引起超声波的衰减，其衰减的机理十分复杂，涉及了热力学、水力学以及电动力学等机理。国内外研究者从理论和实验上均进行了大量的研究，先后提出了一些悬浊液中超声波衰减的理论模型。

### 3.2.1 ECAH 理论模型

最著名的非均相体系的超声波衰减理论是 1953 年由 Epstein 和 Carhart[4] 提出的，并由 Allegra 和 Hawley[5] 发展，被称为 ECAH 理论。该理论涉及了上述 4 个方面的机理（黏滞、热力学、散射和内部吸收机理），描述了在极稀释条件下光滑球形颗粒单分散体系的超声波衰减。

ECAH 模型是以悬浊液中球形、各向同性的单分散颗粒为研究对象，通过考虑质量、动量和能量的守恒方程，推导出相速度和衰减的复波动方程。当平面压缩波入射到液固界面球面后，在颗粒体的内部和外面会产生一组压缩波、热波和剪切波，分别从边界进入球体和返回到液体介质中，如图 3.1 所示。

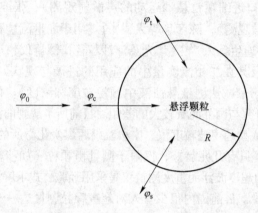

图 3.1　各向同性颗粒表面三种波的散射

$\varphi_0$—入射压缩波；$\varphi_c$—压缩波；$\varphi_t$—热波；$\varphi_s$—剪切波；$R$—半径

这一过程可写成如下形式的波动方程：

$$\left( \nabla^2 + \kappa_c^2 \right) \varphi_c = 0$$
$$\left( \nabla^2 + \kappa_t^2 \right) \varphi_t = 0$$
$$\left( \nabla^2 + \kappa_s^2 \right) \varphi_s = 0 \tag{3.1}$$

式中　　$\nabla^2$——Laplace 算子；

$\kappa_c$，$\kappa_t$，$\kappa_s$——分别为压缩波、热波和剪切波的波数；

$\varphi_c$，$\varphi_t$，$\varphi_s$——分别为压缩波、热波和剪切波的波势。

通过解这一方程，可以得到散射系数 $A_0$，$A_1$，$A_2$，…。这些散射系数与超声波通过的悬浊液的性质和超声波衰减有关。Allegra 和 Hawley[5] 给出悬浊液中的复波数：

$$\left( \frac{\kappa_p}{\kappa} \right)^2 = 1 + \frac{3\varphi}{\mathrm{j}\kappa_c^3 R^3} \sum_{n=0}^{\infty} (2n+1) A_n \tag{3.2}$$

式中　　$\varphi$——悬浊液中颗粒的体积浓度；

$R$——颗粒的半径；

$\kappa$——连续介质中的波数；

$\kappa_p$——悬浊液中的复波数，$\kappa_p = \dfrac{\omega}{c(\omega)} + \mathrm{j}\alpha(\omega)$，$\mathrm{j} = \sqrt{-1}$；

$\omega$——声波角频率，$\omega = 2\pi f$，$f$ 为超声波频率；

$\alpha$，$c$——衰减系数和声速。

### 3.2.2　耦合相理论模型

Harker 和 Temple[36] 从水动力学的观点考虑悬浊液中的势波动现象，推导出了相间相互作用的黏性阻力方程，以及每一相独立的动量和质量守恒方程。耦合相理论模型（coupled phase theory model）考虑了流体的黏性效应，忽略了热传递效应。对这些方程同时求解可以导出复波数方程，即：

$$\kappa^2 = \omega^2 \left[ (1-\varphi)\beta_0 + \varphi\beta_p \right] \frac{\rho_0 \left[ \rho_p (1-\varphi+\varphi S) + \rho_0 S(1-\varphi) \right]}{\rho_p (1-\varphi)^2 + \rho_0 \left[ S + \varphi(1-\varphi) \right]} \tag{3.3}$$

式中　$\beta_0$，$\beta_p$——分别是液体和固体的等温压缩系数；

$\rho_0$，$\rho_p$——分别是液、固两相的密度；

$S$——一个复数，由式（3.4）给出：

$$S = \frac{1}{2}\left( \frac{1+2\varphi}{1-\varphi} \right) + \frac{9\delta_v}{4R} + j\frac{9}{4}\left( \frac{\delta}{R} + \frac{\delta^2}{R^2} \right) \tag{3.4}$$

其中，$\delta_v = \sqrt{\dfrac{2\mu_0}{\omega\rho_0}}$，又称为黏滞边界层厚度，$\mu_0$ 为液体动力黏度。

### 3.2.3　BLBL 理论模型

BLBL（Bouguer-Lambert-Beer-Law）[18,19] 模型可用于描述稀释悬浊液中的消声效应，类似于光学方法中的全散射法。它由悬浊液中无限薄层的声强度平衡出发：

$$dI = -I\alpha_{ext,DS} dz \tag{3.5}$$

对式（3.5）积分。根据衰减系数的定义，并引入消声效率（光学方法中称消光效率）的概念，则有 $\alpha_{ext,DS} = \dfrac{3\varphi}{4R}K_{ext}$，得到衰减系数的表达式：

$$\alpha_s = \frac{3\varphi}{8R}K_{ext} \tag{3.6}$$

消光效率 $K_{ext}$ 由表达式（3.7）给出：

$$K_{ext} = -\frac{4}{\sigma^2}\sum_{n=0}^{\infty} (2n+1)ReA_n \tag{3.7}$$

式中，$\sigma = \dfrac{\omega R}{c}$ 通常称为颗粒尺寸系数；$c$ 为连续相声速。

在声学体系中根据固体颗粒相的纵波 $c_L$ 和横波波速 $c_T$ 类似地定义了 $\sigma_L = \dfrac{\omega R}{c_L}$ 和 $\sigma_T = \dfrac{\omega R}{c_T}$。无限序列 $A_n$ 可以根据 Hay & Mercer 理论，由上述三个尺寸系数以及它们的第一、二类球 Bessel 函数求出。

### 3. 2. 4　**Multi-scattering 理论模型**

David J. McClements 对于一些无损失的散射模型进行了讨论[37~39]，认为由于没有考虑热传导和黏性机制，对于很多实际情况，如大多数乳剂是不适合的。他认为在 ECAH 模型系数 $A_n$ 的序列中，只有前面两项起主导作用，并分别推导出它们在长波长情况下的表达式：

$$A_0 = \frac{-ja_1\left(a_0^2 - a_p^2 \dfrac{\rho_0}{\rho_p}\right)}{3} - \frac{ja_1^3(\gamma_0 - 1)\left(1 - \dfrac{\beta_2 c_{p0} \rho_0}{\beta_0 c_{pp} \rho_p}\right)^2 H}{b_0^2}$$

$$A_1 = ja_1^3(\rho_p - \rho_0)\frac{1 + T + js}{9(\rho_p + \rho_0 T + j\rho_0 s)} \tag{3.8}$$

其中，　　　　$a_0 = \kappa_0 R,$　　　　　$a_p = \kappa_p R,$

$$b_0 = \frac{(1+i)R}{\sqrt{\dfrac{c_{p0}\omega\rho_0}{2\tau_0}}}, \quad b_p = \frac{(1+i)R}{\sqrt{\dfrac{c_{pp}\omega\rho_p}{2\tau_p}}}$$

$$T = \frac{1}{2} + \frac{9\delta}{4R}, \quad s = \frac{9\delta}{4R}\left(1 + \frac{\delta}{R}\right)$$

$$\delta = \sqrt{\frac{2\mu_0}{\rho_0\omega}}, \quad H = \left[\frac{1}{1 - jb_0} - \frac{\tau_0}{\tau_p}\frac{\tan b_p}{\tan b_p - b_p}\right]^{-1}$$

式中　下标 0——液体；

　　　下标 p——颗粒；

　　　$c_p$——定压比热容；

　　　$\tau$——导热系数；

　　　$\gamma$——热扩散系数；

　　　其余符号意义同前。

## 3.3　超声波粒度检测非线性建模

超声波通过非均相体系如矿浆体系时，超声波的特性参数（如声强、声速）就会发生变化。对于没有稀释的浓浆体系，当体积浓度高达 40% 以上，超声波也能够提供可靠的粒度信息，这使得超声方法非常适用于测量浓浆体系的性质，且具有其他方法包括光散射（需要特别稀释）无法比拟的特点。同时超声波也能处理低浓度的分散体系，体积浓度可低至 0.1%。超声波在浓度范围的灵活性使得它同其他经典的粒度测量方法有着同样重要地位[26]。超声方法测量颗粒粒度并不需要用已知的样品进行校正。只是在首次建模过程中进行校正，且在一定的条件下，超声波能够提供绝对的颗粒粒度信息。它和现代光背向散射技术相比较具有更大的优越性，现代光背向散射技术仅适合于在合适的稀释的分散体系中测定颗粒粒度。另外，超声波理论考虑了颗粒间的相互作用相互影响[27]，而光背向散射技术缺少这方面的理论支持。超声波比光散射方法更适合处理多分散体系。通过超声波技术获得颗粒粒度信息类似于沉降技术，能得到颗粒系各粒级的重量含量。而光散射方法得到的是颗粒的数量含量，并且它对大颗粒的存在非常敏感，有高估粗颗粒数量的倾向，这使得它不适合于处理主要由细颗粒组成的多分散体系。

超声波检测的操作过程相当简单：超声波脉冲穿过矿浆后，被超声波接收器接收，超声波在矿浆中传播时会造成声能量的损失而改变声强和声速，采用超声波仪可以测量这种声能量的损失（衰减）和声速。而声衰减实际上就是由于颗粒和液体与超声波间的相互作用引起的，因而测量超声波的衰减就可以获得矿浆体系的颗粒粒度或浓度信息。虽然说这一过程相对来说比较简单，但是，由于试验结果必须拟合相当复杂的基于各种超声波损失机理的理论模型，所以通过分析超声波衰减数据来获得颗粒的粒度分布信息就相当复杂。随着现代计算机技术的高速发展以及对各种超声波理论模型的精炼改进，这些数据的分析显得简单多了。

在选矿生产中应用的超声波粒度检测仪主要是美国丹佛公司的 PSM 系列超声波粒度仪和马鞍山矿山研究院的 CLY 系列超声波粒度计，它们在数据处理时均采用最小二乘法原理、线性回归和统计分析的方法，建立线性回归数学模型[40,41]。如 PSM-400 系统，它是利用在工艺过程中 PSM-400 仪表的读数与取自工艺过程试样的筛析结果的直接对比进行标定的，故准确的标定完全来自准确的筛析。因此，应用任何一台 PSM-400 超声波在线矿浆粒度仪在进行正常实时检测之前，必须了解待检测的矿浆的性质、相关的磨矿分级回路，进行大量的前期实测工作和大量现场数据的收集，为其标定工作做准备。在 PSM-400 系统程序化之前，应按顺序进行取样、筛检、绘图和数据的选取工作，以获得系统参数，如超声波频率、粒度和浓度传感器间的间距、粒度补偿参数等。根据筛分数据采用最小二乘回归，产生粒度和浓度系数，建立粒度和浓度的数学模型：

$$固体浓度\% = S_0 + S_1 ASN + S_2 ASN^2$$

$$粒度 = P_0 + P_1 \gamma + P_2 \gamma^2$$

式中　　$S_0$，$S_1$，$S_2$——浓度系数；

　　　　$P_0$，$P_1$，$P_2$——粒度系数；

　　　　　　ASN，$\gamma$——试样结果处理时所获得的标定变量，ASN = 浓度通道中的分贝/英寸，$\gamma = (\alpha - APC)/ASN$；

　　　　　　$\alpha$——粒度通道上的分贝/英寸；

　　　　　APC——粒度和浓度传感器间的间距。

从上可知，该模型是建立在统计分析的基础上，尽管形式十分简单，但在实际工作中必须进行大量的标定工作，获得各种系统参数如粒度系数、浓度系数等，这些参数一旦确定，模型也就确定下来了，一旦现场矿石性质、矿浆浓度、温度、黏度、矿浆流速、磨矿回路参数等发生改变，既定的模型就不能满足需要，得到的结果可能偏差很大，甚至是错误的。因此必须进行重新标定，工作量很大，任务很烦琐，设备的维护工作量也非常大，安装了这种类型的超声波粒度仪的选矿厂很多都已经不再使用该仪器，仍然采用人工的方法去判断磨矿产品的粒度情况。

随着科学技术尤其是计算机技术的不断发展，大量应用问题中用定量研究代替定性分析是大势所趋，对各种现象内部规律更深刻、更本质的研究，需要数学的有效介入，这些都引起了数学分析理论和分析方法向各门学科和各个应用领域更广泛、更深入的渗透。在几乎所有的科学分支中，确定一个（或一组）变量与另一个（或一组）变量之间的关系非常重要，这种关系大致可以分为确定性关系和非确定性关系。由于大量实际问题内部规律十分复杂，在不同情况下待研究指标的影响因素及其影响强弱不尽完全相同，故使得检测数据中含有很强的非线性关系。近年来，以线性最小二乘估计为核心的线性回归分析已经在各行业中得到应用。但是实际生产中精确的分析结果表明，严格的线性模型并不多见，几乎所有系统都是非线性的，线性作用其实只不过是非线性相互作用在一定条件下的近似。因此重视从理论上进行深入的探讨，运用现代数学的概念来剖析非线性系统不仅是必要的，而且是势在必行。由于超声波粒度检测所处的矿浆体系相当复杂，它涉及的矿石性质、磨矿分级回路、矿浆浓度、粒度分布、矿浆温度、黏度等特性参数大多数是不完全确定的、非线性的，甚至是时变的、随机的、模糊的，并且这些变量之间还存在着交叉效应和动态效应，故难以用确定性的数学模型加以描述。

本书一方面是为了解决存在时变、非线性、机理复杂以及多因素影响的超声波粒度检测过程建模问题，特别是建立超声波粒度检测过程的内部动态参数模型，为粒度检测提供一种有效、可行的预测方法；另一方面是为了适应仪器仪表的现代化、智能化的要求，引入先进的建模技术（遗传算法、混沌和分形），进行超声波粒度检测中的非线性建模的研究。

## 参 考 文 献

[1] Sewell C T J. The extinction of sound in a viscous atmosphere by small obstacles of cylindrical and spherical form [J]. Philosophical Transactions of the Royal Society of London, 1910, 210: 239~270.

[2] Foldy L L. The multiple scattering of waves [J]. Physics Review, 1945, 67: 107~119.

[3] Urich R J. The absorption of sound in suspensions of irregular particle [J]. The Journal of Acoustical Society of America, 1948, 25: 283~289.

[4] Epstein P S, Carhart R R. The absorption of sound in suspensions and emulsion: Water frog in air [J]. The Journal of Acoustical Society of America, 1953, 25: 553 ~ 565.

[5] Allegra J R, Hawley S A. Attenuation of sound in suspensions and emulsions: theory and experiments [J]. The Journal of Acoustical Society of America, 1972, 51 (5): 1545 ~ 1560.

[6] Alba F. Method and apparatus for determining particle size distribution and concentration in a suspension using ultrasonics [P]. United State Patent, 5121629, 1992.

[7] Nelson P V, Povey Malcolm J W, Wang Yongtao. An ultrasound velocity and attenuation scanner for viewing the temporalevolution of a dispersed phase in fluids [J]. Review of Scientific Instruments, 2001, 72 (11): 4234 ~ 4241.

[8] McClements D J, Povey Malcolm J W. Scattering of ultrasound by emulsions [J]. The Journal of Physic D: Applied Physics, 1989, 22: 38 ~ 47.

[9] Tebbutt J S, Challis R E. Ultrasonic wave propagation in colloidal suspension and emusions: A comparison of four models [J]. Ultrasonics, 1996, 34: 363 ~ 368.

[10] Austin J C, Holmes A K, Tebbutt J S, et al. Ultrasonic wave propagation in colloidal suspension and emulsions: recent experimental results [J]. Ultrasonics, 1996, 34 (2 ~ 5): 369 ~ 374.

[11] Holmes A K, Challis R E, Wedlock D J A. A wide bandwith study of ultrasound velocity and attenuation in suspensions: Comparison of theory with experimental measurements [J]. Journal of Colloid and Science, 1998, 156 (2): 261 ~ 268.

[12] Hunter R J. Recent developments in the electroacoustic characterization of colloidal suspensions and emulsions [J]. Colloids and Surfaces, 1998, 141: 37 ~ 65.

[13] Hunter R J. Foundations of colloid science [M]. Oxford: Oxford University Press, 1989.

[14] Dukhin A S, Goeetz P J, Hamlet C W. Acoustic spectroscopy for concentrated poly disperse colloids with low density contrast [J]. Langmiur, 1996, 12 (21): 4998 ~ 5004.

[15] Dukhin A S, Goeetz P J, Hamlet C W. Acoustic spectroscopy for concentrated poly disperse colloids with high density contrast [J]. Langmiur, 1996, 12 (21): 4987 ~ 4997.

[16] Dukhin A S, Goetz P J. Acoustic and electro acoustic spectroscopy for charactering concentrated dispersions and emulsions [J]. Advances in Colloid and Interface Science, 2001, 92: 73 ~ 132.

[17] Riebel U. Method of and an apparatus for ultrasonic measuring of the solids concentration and particle size distribution in a suspension [P]. United States Patent 4706509, 1987-12-17.

[18] Riebel U. The fundamentals of particle size analysis by means of ultrasonic spectrometry [J]. Particle and Particle Systems Characterisation, 1989, 6: 135 ~ 143.

[19] Riebel U, Kräuter U. Ultrasonic extinction and velocity in dense suspension [C]. Workshop on Ultrasonic & Dielectric Characterization Techniques for Suspension Particulates, 1997: 4 ~ 6.

[20] Pendse H P, Sharma A. Particle size distribution analysis of industrial colloidal slurries using ultrasonic spectroscopy [J]. Particle and Particle Systems Characterisation, 1993, 3: 229 ~ 233.

[21] Lin W H, Raptis A C. Acoustic scattering by elastic solid cylinders and spheres in viscous fluid [J]. The Journal of Acoustical Society of America, 1983, 73 (3): 736 ~ 748.

[22] Scott D M, Boxman A, Jochen C E. On-line particle characterization [J]. Control of Particulate Ⅳ, 1997, 6~9: 251~256.

[23] Scott D M, Boxman A, Jochen C E. Ultrasonic measurement of sub-micron particle [J]. Particle and Particle Systems Characterisation, 1995, 12: 269~273.

[24] 孙承维, 魏墨盦. 高浓度悬浮液声学特性的探讨 [J]. 声学技术, 1983, 2: 1~6.

[25] 刘玉英, 杨循进, 罗嘉陵. 用超声技术测定水煤浆中煤粉浓度 [C] //第二届应用声学学术会议论文集, 1984: 220~221.

[26] 刘玉英, 刘增厚, 任总德, 等. 用超声技术测量河流含沙量的研究 [J]. 应用声学, 1989, 8 (3): 14~18.

[27] 阎玉舜, 汤建明. 超声脉冲背向散射法测量悬浮液浓度的研究 [J]. 应用声学, 1992, 11: 13~16.

[28] 贾春娟, 唐懋官. 利用超声测量水中含沙垂线分布的方法 [J]. 应用声学, 1998, 17 (2): 36~40.

[29] 时钟, 张淑英, Hamilton L J. 河口近细颗粒悬沙运动的声散射观测 [J]. 声学学报, 1998, 17 (2): 221~229.

[30] 张淑英, 钱炳兴. 高浓度悬浮泥沙的声学观测 [J]. 海洋学报, 2003, 25 (6): 54~60.

[31] 陈彦华, 张澄宇, 张海澜, 等. 用于测量流量和含沙量的超声波液位测定系统 [J]. 应用声学, 1995, 14 (2): 33~36.

[32] 于连生, 杜军兰, 刘海坤, 等. 声光悬浮沙粒径谱测量仪 [J]. 海洋技术, 2001, 20 (1): 104~106.

[33] 苏明旭, 蔡小舒. 超声测粒技术及其在二相流测量中的应用的进展与现状 [J]. 东北大学学报, 2000, 21 (S1): 96~99.

[34] 苏明旭, 蔡小舒, 黄春燕, 等. 超声衰减法测量颗粒粒度大小 [J]. 仪器仪表学报, 2004, 25 (4): 1~2.

[35] 苏明旭, 蔡小舒, 徐峰, 等. 超声衰减法测量悬浊液中颗粒粒度和浓度 [J]. 声学学报, 2004, 29 (5): 440~444.

[36] Harker A H, Temple J A G. Velocity and attenuation of acoustic waves in suspensions of particles in fluid [J]. The Journal of Physic D: Applied Physics, 1988, 21: 1576~1588.

[37] McClements D J. Comparison of multiple scattering theories with experimental measurements in emulsions [J]. The Journal of Acoustical Society of America, 1992, 91 (2): 849~854.

[38] McClements D J. Ultrasonic characterization of emulsions and suspensions [J]. The Journal of Acoustical society of America, 1991, 37: 33~72.

[39] McClements D J. Ultrasonic determination of depletion flocculation in oil-in-water emulsions containing a non-ionic surfactant [J]. Colloids and Surfaces, 1994, 90: 25~35.

[40] 李忠义, 李伟, 熊国林. 选矿自动化中矿浆粒度的在线检测 [J]. 矿冶, 1996 (3): 89~93, 99.

[41] 曾云南. 现代选矿过程粒度在线分析仪的研究进展 [J]. 有色设备, 2008 (2): 5~9, 18.

# 4　超声波粒度检测实验装置及其
# 工 作 原 理

通常，超声波粒度检测实验过程为：信号发生装置驱动超声波换能器发射超声波，超声波经过测量槽中的介质进行传播，由于各种衰减机制的影响，超声波的强度减弱，使用接收换能器得到减弱的声信号，经过信号处理取出有用的信息，进行计算即可得到超声波衰减；然后将超声波衰减信号转换成粒度信号，最终获得矿浆的粒度分布。本章主要介绍超声波粒度检测实验装置的主要组成部分和超声波粒度检测的基本工作原理。

## 4.1　超声波粒度检测实验装置

超声波粒度检测实验装置如图 4.1 所示，整个系统由测量槽，超声波发、收装置，控制器以及数据处理装置三部分组成。

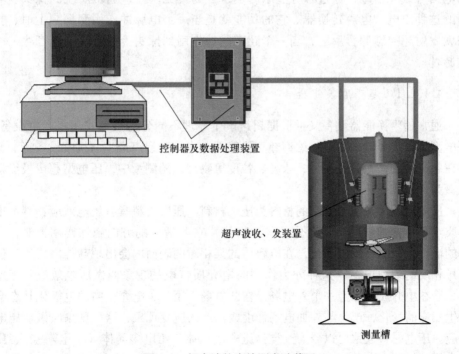

控制器及数据处理装置

超声波收、发装置

测量槽

图 4.1　超声波粒度检测实验装置

### 4.1.1  测量槽

测量槽（图 4.2）为直径 0.3m、高 0.5m 的一个圆桶，桶底部安装一个搅拌器和紊流板，能使矿浆搅拌混合均匀。搅拌器上面有一个超声波传感器支架，在支架上低频和高频超声波发射、接收传感器分别相对轴向放置，且可调节发、收传感器间的距离。

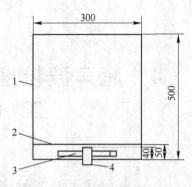

图 4.2   测量槽（单位：mm）

1—透明塑料圆筒；2—带圆孔的紊流板；
3—搅拌器；4—接电动机的主轴

### 4.1.2  超声的发射和接收

应用超声波技术进行颗粒粒度测试，首先需要解决的问题就是如何发射和接收超声波。现在，人们已经掌握了产生、接收各种所需频率、频谱、声强、功率、波型超声的方法、技术与设备。具体地说，就是利用各种超声换能器，将其他形式的能量，如机械能、电磁能、光能等，转换为超声振动能量并向各种媒质中发射，然后利用超声接收器（包括具有各种可逆效应的上述换能器）将超声场的各种信息转换为便于处理的电信号或光信号，通过各种显示终端，变为可见指示。通常所说的探头就是指的这种声电、电声转换器。它的功能就是当一个电脉冲作用到探头上时，探头就发射超声脉冲；反之，当一个超声脉冲作用到探头上时，探头就产生一个电脉冲。

#### 4.1.2.1  超声波换能器

通常超声换能器设备又可根据超声产生原理不同分为机械式超声产生设备、压电型超声换能器、磁致伸缩型超声换能器、光声型超声产生与接收设备等。其中在超声检测，尤其是流量、浓度、粒度等物理量的测量中，压电型超声换能器是最为常用的。

压电型超声换能器采用的材料为压电材料。压电材料具有压电效应：某些电解质（例如晶体、陶瓷、高分子聚合物等）在其适当的方向施加作用力时，内部的电极化状态会发生变化，在电解质的某相对两表面内会出现与外力成正比但符号相反的束缚电荷，这种外力作用时电介质带电的现象叫做压电效应；相反地，若在电介质上加上一个外电场，在此电场作用下，电介质内部电极化状态会发生相应的变化，产生与外加电场强度成正比的应变现象，这一现象叫做逆压电效应。压电材料大致可以分为五类：压电单晶体、压电多晶体（压电陶瓷）、压电半导体、压电高分子聚合物、复合压电材料。

衡量检测超声系统中的换能器性能的参数主要有两个：一是换能器灵敏度；二是换能器带宽。前者取决于振型、换能器材料及机械系统结构；后者是换能器的频率带宽特性，包括功率、声压、阻抗及灵敏度随频率变化的带宽特性。对于应用于脉冲信号的换能器，要求宽频带，即所谓的宽带换能器，以保证激励出来的脉冲信号有较陡的上升沿，余振也短。

就具体压电换能器材料及换能器而言，石英、铌酸锂晶体性能稳定，适合于高频超声换能器；而锆钛酸铅压电陶瓷具有压电性能优越、不容易损坏、价格适中、品种多、易于加工成不同形状和尺寸以满足不同设计要求的优点，目前在压电材料中无论数量还是质量均处于支配地位。

根据实验需要，同时考虑到目前国内的实际技术水平，选用中国科学院声学所制造的锆钛酸铅压电陶瓷超声波传感器，其结构如图 4.3 所示。由于超声波测粒过程中传播超声波的介质是水，因此超声波传感器采用有适当外壳结构的传感器。

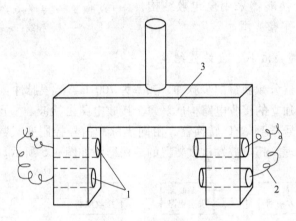

图 4.3　超声波探头支架

1—超声波探头；2—电线；3—支架

压电陶瓷晶片是锆钛酸铅压电陶瓷圆片，超声波换能器的频率主要取决于压电陶瓷圆片的厚度，且频率与厚度成反比。选择不同的厚度就可以做出不同频率的换能器。在本书中高频和低频超声波传感器的中心频率分别为 1.0MHz 和 2.5MHz，换能器为一发一收型。超声波换能器的灵敏度主要取决于换能器的材料。一般说换能器的灵敏度与使用的脉冲宽度相互关联。灵敏度高，脉冲宽；灵敏度低，脉冲窄。在换能器材料背后施加不同的背衬吸收，可以调整灵敏度与脉冲宽度。本书所用的换能器也采用了这种方法调整灵敏度与脉冲宽度，以满足要求。

在不做特殊设计的情况下，换能器的方向性取决于压电陶瓷圆片的厚度及直

径。在厚度不变时，直径越大方向性越
强。根据本书的要求，换能器厚度为
1.5mm，直径为10mm。

换能器是在矿浆中长期使用的，若密
封不好会造成电器短路，换能器的密封问
题必须解决。换能器辐射面光洁与否会直
接影响换能器的正常工作，因此必须使辐
射面平整光滑。换能器耐磨、耐腐蚀与
否，也会影响换能器的正常工作及使用寿
命，故需要解决耐磨、耐腐蚀问题。为了
解决上述问题，本书使用的换能器采用如
图4.4所示的结构。由于高透声包敷材料
具有绝缘、耐酸、耐腐蚀、耐磨、有弹性
的特性，故整个换能器采用全包敷结构，
封包（辐射面）平整光滑。

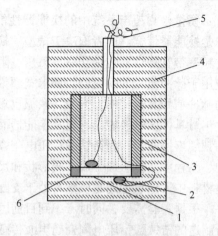

图4.4　超声波换能器结构图
1—压电陶瓷晶片；2—引线焊接点；
3—固体支架（铝材）；4—高透声包敷材料
（由99.6%聚氨酯基材 +0.4%透声材料构成）；
5—镀银铜线；6—橡皮垫

### 4.1.2.2　超声波收、发装置结构

从高频发生器分频获得同步脉冲，频率为700Hz，激发脉冲宽度为50μs。超
声接收器由4个独立的接收电路构成。每个接收电路由检波、整形、放大电路构
成。放大后的信号送到A/D转换器，由同步脉冲信号控制变成数字量，再由计
算机进行数据处理。超声波发、收装置的结构框图如图4.5所示。

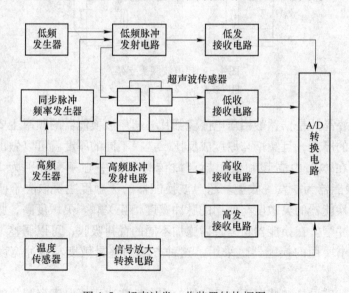

图4.5　超声波发、收装置结构框图

### 4.1.3 控制器以及数据处理装置

控制器，即超声波粒度检测实验装置下位机，由开关电源、超声波发射板、超声波接收板及485通信板及外围电路、显示打印电路、串行通信电路等部分共同组成。能够完成超声波的发射、接收，同时具有对发射、接收信号，温度补偿信号进行实时采集的功能；相应的软件由汇编语言和组态王混合编程。控制器接收取样装置传出实时超声波信号，对信号进行放大和A/D转换后，送入单片机处理，并送入上位机（工业控制机）进行数据处理、显示、打印，获得超声波衰减值。下面主要介绍本书中实验装置的超声波发射板和接收板。

#### 4.1.3.1 超声波的发射板

发射电路的任务就是产生高频脉冲波，用来激励探头产生超声脉冲。原则上说，超声波的发射电路可采用各种符合要求的能产生高频振荡的振荡电路或脉冲电路。但不管哪种结构的电路均应满足下列要求：电路简单、发射脉冲频谱宽、发射功率大、同步容易、改变发射功率方便。

超声波发射电路结构框图如图4.6所示。高频波形发生器由两片特殊的芯片和一些外围电路组成。它分别产生两种不同的正弦波，一路直接送入开关电路，另一路经分频和单稳态触发器整形后产生700Hz、占空比约为1/29的同步脉冲信号，也送入开关电路，经阻抗变换器、电压放大器和功率放大器放大后送至发射传感器，通过被测介质把超声波传播出去。

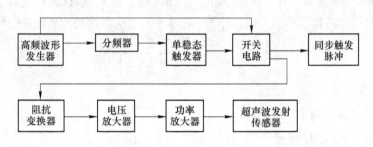

图4.6 超声波发射电路框图

#### 4.1.3.2 超声波信号的接收板

接收电路的主要作用是将回波信号加以放大，其应该包括衰减器、前置放大器、高频放大器。接收电路性能的好坏对超声波测量仪的性能有很重要的影响。这是因为超声波测量仪的放大器不同于一般的通信放大器，在其输入单端的信号不仅有1mV~1V的回波信号，而且还有峰值电压为100~1000V的发射脉冲信号。因此，超声波测试仪的接收电路要求电路有足够的增益，才能把颗粒发射的微弱信号分辨出来；同时要求有很好的抗阻塞性，以致不影响探头近区的灵敏度。本书中实验装置超声波接收电路框图如图4.7所示。接收换能器收到随矿浆粒度和浓度变化而变化的超声信号，经开关电路、线性检波器、滤波器和电压放大器放大后，经A/D转换器进行数模转换，再送入计算机进行数据处理，得到最终结果。

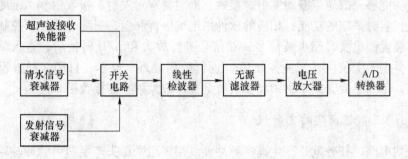

图 4.7　超声波接收电路框图

### 4.1.3.3　计算机数据处理装置

数据处理装置具有对发射、接收信号、温度补偿信号进行实时采集处理、显示和打印的功能，具有对4~20mA直流标准信号输出和串行通信的功能。该数据处理装置由信号采集电路、8098单片机及外围电路、打印电路、串行通信电路等部分组成；相应的软件由汇编语言和组态王混合编程。仪器柜内有一块数据处理板，内含MCS-8098微处理器芯片，ROM32Kb、RAM16Kb、12位A/D采样芯片，看门狗芯片，实时时钟芯片，串、并口芯片等。图4.8所示为数据处理系统的信号流程。

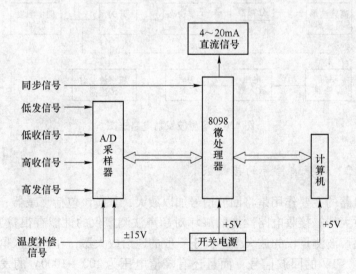

图 4.8　数据处理系统的信号流程

## 4.2 超声波粒度检测的工作原理

超声波在矿浆这类均匀悬浮液中传播时，其振幅随矿浆中固体量的多少及粒子大小而变化。因此可以通过测定超声波通过矿浆后的振幅的衰减来估算矿浆中颗粒的粒度分布情况。根据声学原理得知，平面超声波在矿浆中传播时，穿过 $L$ 距离后，其振幅 $E$ 的变化可用式（4.1）表示：

$$E = E_0 e^{-\alpha L} \tag{4.1}$$

式中 $E_0$ ——入射声波的初始振幅；

$\alpha$ ——衰减系数；

$L$ ——传播距离。

在实际使用中初始振幅 $E_0$ 的大小由超声波发射器的发射电压及发射传感器的特性确定，是一个固定值；超声波的传播距离 $L$ 的大小由工艺条件确定，也是一个固定值。所以，超声波衰减系数 $\alpha$ 只与接收传感器的振幅 $A$ 有关。超声波接收传感器工作时能实时连续测量接收电压的大小，采用穿透比较法就可得知穿过被测矿浆时超声波的衰减量。矿浆的超声波衰减值 $\alpha$ 为：

$$\alpha = \alpha_k - \alpha_0 \tag{4.2}$$

$$\alpha_k = \ln \frac{V_{k1}}{V_{k2}} \tag{4.3}$$

$$\alpha_0 = \ln \frac{V_{01}}{V_{02}} \tag{4.4}$$

式中 $\alpha_k$ ——被测介质为矿浆条件下的超声波衰减值，Np/m；

$\alpha_0$ ——被测介质为清水条件下的超声波衰减值，Np/m；

$V_{01}$，$V_{k1}$ ——分别为清水和矿浆条件下的发射电压，V；

$V_{02}$，$V_{k2}$ ——分别为清水和矿浆条件下的接收电压，V。

该方法测量方法简便，测量过程中也无须考虑反射损失的影响。但是在应用该方法时应注意两点：（1）声发射换能器的辐射阻抗在水中和不同浓度的悬浮液中有变化，使辐射声功率有变化，从而影响声衰减的测量精度，但只要浓度不太高时，该影响是可以忽略[2]；（2）用该方法测量的衰减并未考虑水中的吸收，即将纯水作为"背景"。这可以在算法上进行修正或者将其加入测量的衰减中。但水中的声衰减是比较小的（25℃ 约为 $1.9 \times 10^{-3} f^2$ dB/cm，$f$ 为频率，单位 MHz）[1]，大多数情况下可以不进行修正。在实验过程中是将超声波在纯水中的衰减看作是一个常数，如 1.0MHz 下纯水的衰减为 $1.9 \times 10^{-3}$ dB/cm，2.5MHz 下纯水的衰减为 $1.2 \times 10^{-4}$ dB/cm。这样在实际在线测量时，就不需要事先测量纯水中的衰减。

在研究过程中，实际矿浆的超声波衰减的测定是测定 1.0MHz 和 2.5MHz 两个频率下的超声波衰减值，高频和低频超声波探头间的距离分别为 0.030m 和

0.035m。测量的时候由于衰减数据并不是一成不变的，它在一定范围内波动。故为了提高衰减数据的精度，在本书中采用了两个频率下 10 次测量的数据的平均值作为一次有效数据。

---

## 参 考 文 献

[1] 同济大学声学研究室. 超声工业测量技术 [M]. 上海：上海人民出版社，1977.
[2] 钱炳兴，凌鸿烈，孙跃秋，等. 超声波浮泥重度测量仪 [J]. 声学技术，2001，20（1）：42～44.

# 5  超声波在矿浆中传播的声衰减及超声波粒度检测的理论模型

本章主要探讨超声波通过矿浆后发生衰减的机理及超声波粒度检测的基本理论模型。首先对超声波衰减的机理进行简单分析，然后在分析现有理论模型的基础上，提出混合粒径下的超声波衰减粒度检测理论模型，最后根据理论模型对超声波衰减的影响因素进行详细的分析，为后续各章节的分析提供基本的理论模型。

## 5.1  超声波的声衰减机理分析

从广义上讲，声波在介质中传播时，由于介质对声波的吸收、散射以及超声波束自身的扩散因素，其能量（强度或振幅）随传播距离的增加而逐渐减弱的现象，统称为声衰减。超声波在非均相体系中传播时的声衰减涉及了各种热力学、水力学以及电动力学理论，使得超声波衰减的机理非常复杂，尤其是结构复杂、形状不定的介质（如固体颗粒）更是如此，很难对它们进行准确的理论分析，一般只能通过实际测量来确定其衰减，且不同的超声波波型和不同频率，在相同的介质中有不同的衰减值。根据引起声强衰减的原因不同，可把声波衰减分为三种主要类型：由于介质对声波能量的吸收造成的吸收衰减；由于介质中颗粒对声波能量的散射造成的散射衰减以及由于声波波束扩散造成的扩散衰减。前两类衰减取决于介质的特性，而后一类则由声源的特性引起。通常在考虑声波与介质的关系时仅考虑前两类衰减。但在估计声波传播损失，例如声波作用距离或回波强度时，必须计及这三类衰减。

声学理论证明，吸收衰减和散射衰减都遵从指数衰减规律[1]。对沿 $X$ 方向传播的平面波而言，由于不需要计及扩散衰减，则声压或声强随距离 $x$ 的变化由式（5.1）或式（5.2）表示：

$$p = p_0 e^{-\alpha x} \tag{5.1}$$

或

$$I = I_0 e^{-2\alpha x} \tag{5.2}$$

式中    $\alpha$——衰减系数，Np/m；

$\quad\quad\;\; x$——传播距离，m。

在声学中，许多声学量常用其比值的对数来表示。这一方面是由于这些量（如声功率、声强、声压等）的变化范围甚大，往往可达十几个数量级，因此，使用对数标度要比绝对标度方便；另一方面，在可听声频段，人耳听觉对这些声学量的响应，并不与这些量呈线性关系，而是符合对数关系。在超声波频段范围，数量级的变化更明显，而且也有某些声学的变化适合对数表示，如超声在介质中的吸收衰减和散射衰减等。因而在超声测量与计量中，也广泛使用对数标度。

在声学中，一个量与同类基准量之比的对数称为级[1]，它代表该量比基准量高出多少"级"。为具体表示级的大小，必须明确规定对数的底、基准量，并给出相应的单位。

贝（Bel）是一种级的单位，对数的底为 10，用于可与功率类比的量。声学中常用的级的单位是分贝，即贝的 1/10，符号 dB。

奈培（Neper）也是级的单位，对数的底是自然对数 e = 2.71828983，用于功率的平方根或与电压或电流相类比的场量，符号 Np。

dB（分贝）和奈培（Np）之间的换算关系如下：

$$1dB = 0.115Np$$

$$1Np = 8.686dB$$

利用这一关系，两者可以方便地进行换算。

### 5.1.1  吸收衰减

声吸收的机制是比较复杂的，它涉及介质的黏滞性、热传导及各种弛豫过程。

介质切变黏性引起的吸收衰减 $\alpha_v$ 在本质上就是水力学理论[2]。它与超声波压力场中颗粒在流体中自由振荡产生的剪切波有关，产生这种剪切波是由于颗粒与流体间存在密度差。因此，液体层就在颗粒边缘相对滑动，颗粒附近液体层非稳态滑动就是所说的"剪切波"。

由热传导引起的吸收衰减 $\alpha_t$ 与颗粒表面附近的温度梯度有关[2]。该温度梯度是由超声波压力与温度间的热力学耦合作用产生的。该机理对超声波衰减也产生了一定的影响，尤其对含有软颗粒的乳胶、乳液等非均相体系的影响更大。

当从一种状态到另一种状态的过程伴有能量转换时，如果状态改变的速率与状态间的差成正比的过程是按指数规律逐步趋近的，那么都可以称为弛豫过程。声波在介质中传播时，热传导吸收和切变黏滞吸收都是弛豫过程，除此之外还有很多其他弛豫吸收过程，例如，某段介质在声波的压缩阶段会出现温度升高，这说明声波能量转换为介质分子的内能，介质的内能将按各种弛豫过程来进行能量转换。

吸收衰减是由于非均相体系的连续相对声波的吸收而引起的，由于超声波与流体分子间的相互作用，流体分子吸收了声波的一部分而使超声波产生衰减[2]。当颗粒很小或者体积浓度很低，产生的总衰减较小时，就必须考虑因连续相的吸收而产生的衰减。而在高浓度条件下，吸收衰减远远小于黏滞衰减，一般不予考虑连续相的吸收衰减。

### 5.1.2 散射衰减

声波在一种介质中传播时，因碰到由另外一种介质组成的障碍物而向不同方向产生散射，从而导致声波减弱的现象，统称为散射衰减[3]。在本质上同光散射一样。事实上，超声波散射并不产生能量的耗散。当超声波通过非均相体系时，体系中的颗粒使一部分超声波的传播方向发生了改变，而导致这部分超声波不能到达超声波接收器，从而使起超声波能量减少。

散射衰减的问题也很复杂，它既与介质的性质、状况有关，又与障碍物的性质、形状、尺寸及数目有关。例如，波入射到无限大的平面分界面上，产生反射和折射，若表面起伏不平，则在表面产生漫发射；又如声波碰到与波长相比微小的物体时，由物体产生的再辐射波几乎各向均匀，称为瑞利散射。当超声波探头发射的声波在非均相体系中传播时，碰到两种声阻抗不同的界面，将会发生反射和散射，而这种反射或散射（主要是后向散射）又被探头所接收，由于一部分声波已经不能被探头所接收，故探头接收到的声波的强度就会减弱，即产生了散射衰减。

散射机理对超声波的衰减非常重要，是超声波的总衰减的重要组成部分，在大颗粒（粒度大于 $3\mu m$）和高频超声波条件下产生的作用尤为显著[2]。

### 5.1.3 扩散衰减

扩散衰减主要考虑声波传播中因波阵面的面积扩大导致的声强衰减。显然，这仅仅取决于声源辐射的波型及声束状况，而与介质的性质无关。且在这一过程中，总的声能并未变化。若声源辐射时是球面波，因其波阵面随半径 $r$ 的平方增大，故其声强随 $r^{-2}$ 规律衰减[4]，因不符合指数衰减规律，不能纳入衰减系数之中，一般按其波型单独计算。

### 5.1.4 总衰减

超声波通过非均相体系时，产生衰减的机理十分复杂，并不是单纯由以上一种机理引起的, 这些机理综合影响着超声波的衰减。另外, 在浓浆体系, 还必须考虑颗粒与颗粒间的相互作用。因此, 超声波的衰减与非均相体系中颗粒粒度、浓度的关系十分复杂, 很难用确切的数学模型来描述。但是当声波波长远大于颗粒粒径, 即符合 "长波长理论"[5] 时, 可以将超声波通过非均相体系后的总衰减 $\alpha$ 简化成:

$$\alpha = \alpha_v + \alpha_t + \alpha_s \qquad (5.3)$$

式中  $\alpha_v$——黏滞衰减系数 (由粒径小于波长的细粒的刚性固体颗粒引起的);

$\alpha_t$——热力学衰减系数 (由软颗粒如溶胶、乳胶粒子引起的);

$\alpha_s$——散射衰减系数 (在固体颗粒粒径大于 3μm 时有效)。

因此可以在不同超声波频率、不同的颗粒粒径范围选用不同的超声波衰减机理或者综合几种机理进行研究。

## 5.1.5  非均相体系中声衰减区域图

由前所述, 超声波在非均相体系中进行传播时会产生能量损失, 这种能量的损失主要是由黏滞、热力学、散射和内部吸收机理造成。但在不同频率和不同颗粒粒径情况下, 各种机理的作用范围不同, 可以将超声波在悬浮液中衰减划分为三个区域[6]: 多散射区、黏滞区、惯性区。

### 5.1.5.1  多散射区 (short wavelength regime, $\kappa R \gg 1$)

当声波遇到障碍物时, 一部分波会偏离开原来路径。通常把实际的波与假设障碍物不存在时所应出现的不受干扰的波之间的差定义为散射波。例如, 当一平面波在其路程上碰到一物体时, 除了没有受到干扰的平面波外还有一散射波, 它从障碍物向所有方向散射开, 就使平面波受到畸变和干涉。这种散射不会产生能量的损耗, 但要检测超声波的能量, 由于这部分散射波可能不能到达检测仪器, 而引起波能量的减少。

声波最基本的一个参数是声波波长 $\lambda$, 它是由入射波的频率和物料的性质决定的。假设 $\kappa$ 表示声波的波数, $\kappa = \dfrac{2\pi}{\lambda}$, $R$ 表示颗粒的半径, 那么 $\kappa R$ 就表示颗粒的半径与声波波长的比值, 它是一个无因次的量, 它可以作为划分多散射区的一个标度[38]。当 $\kappa R \gg 1$ 时, 颗粒的大小就远远大于声波的波长, 这样, 当声波碰到颗粒时就会产生声波的散射。当声波穿过悬浮液体系时, 由于颗粒是随机的自由分布, 每个颗粒都会产生一散射波, 故这些子波在某些方向上增强而在另一些方向上互相干涉。入射到每一颗粒上的波由于其他颗粒的存在而受到影响, 它们依次影响散射波的形状, 那么声波将发生随机散射甚至是多次散射。这就是多散射区域。在这个区域可以用无因次衰减 $\alpha R$ 来度量，它与超声波频率的四次方成正比[6]。

### 5.1.5.2 黏滞区（viscous regime）

在长波长区，由于流体的黏滞效应，在颗粒的表面会形成一层薄薄的黏滞层，把它称之为黏滞边界层厚度 $\delta_v$，用式（5.4）表示：

$$\delta_v = \sqrt{\frac{2\mu_0}{\rho_0\omega}} \tag{5.4}$$

也有人把它称为 Stokes 层厚度[7~9]。颗粒的半径 $R$ 与黏滞层厚度 $\delta_v$ 的比值就构成了超声波雷诺（Reynolds）数：

$$Re = \frac{R}{\delta_v} = R\sqrt{\frac{\rho_0\omega}{2\mu_0}} \tag{5.5}$$

当 $Re \ll 1$ 时，黏滞边界层厚度 $\delta_v$ 大于颗粒的半径 $R$。在这个区域，超声波衰减与 $\dfrac{R^2\omega^2}{\mu_0}$ 成正比[2]。

### 5.1.5.3 惯性区（inertial regime）

当 $Re \gg 1$ 时，惯性效应非常显著，黏滞层厚度很小，非黏性的惯性效应强烈地影响了颗粒外部的黏滞边界层厚度。同时悬浮液体系中颗粒的浓度影响也很大，随着颗粒浓度的增加，惯性阻力占据主导地位。在这个区域，超声波衰减与 $\dfrac{(\mu_0\omega)^{\frac{1}{2}}}{R}$ 成正比[6]。

### 5.1.5.4 超声波衰减区域分布图

当 $\kappa R > 1$ 时，为多散射区域，而超声波雷诺数 $Re$ 作为黏滞区和惯性区的划分基准，对于一定非均相体系，可以根据以上两个无因次的参数 $\kappa R$ 和 $Re$，做出超声波衰减区域图[6]，图 5.1 所示为石英水悬浮液在 20℃时的超声波衰减区域分布图。从图 5.1 可以发现，在声波频率一定的情况下，随颗粒粒径的增大，超声波传播区依次为黏滞区、惯性区、多散射区；对于粒径 $R$ 大于 0.1mm 的颗粒，随频率的增加，超声波传播区域同样是黏滞区、惯性区和多散射区；而对于更细的颗粒，随频率的增加，黏滞区直接过渡到多散射区，而惯性效应对细粒级基本不起作用，纯粹的惯性效应仅仅存在于颗粒粒径 $R$ 大于 10μm。通过分析这张区域分布图，可以大致了解颗粒粒径与超声波频率的关系，以及在不同粒径不同频率下引起超声波能量损失的机理，同时也说明了通过测定超声波能量的损失即衰减，可以确定单颗粒悬浮液中颗粒粒径的大小。

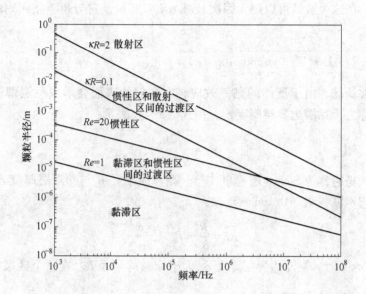

图 5.1    超声波在水悬浮液中传播的半径-频率双对数分布区域

## 5.2    基于超声衰减技术的矿浆粒度检测的理论模型

声波在均匀介质中传播，类似于光，进行直线传播，由于介质的声吸收而造成其能量稳定耗散。超声波中水悬浮液中传播的声衰减机理比较复杂，多年来国内外不少研究者从理论和实验上做了很多的研究。在水悬浮液中固体颗粒的体积浓度低于 10%（即质量浓度通常低于 25%）的情况下，超声波衰减可以由 Urick 模型来计算[10,11]：

$$\alpha = \frac{\varphi}{2}\left[\frac{1}{3}\kappa^4 R^3 + \kappa\left(\frac{\rho_p}{\rho_0} - 1\right)^2 \frac{S}{S^2 + \left(\frac{\rho_p}{\rho_0} + \tau\right)^2}\right] \tag{5.6}$$

$$\kappa = \frac{2\pi}{\lambda}, \quad S = \frac{9\delta}{4R}\left(1 + \frac{\delta}{R}\right), \quad T = \frac{1}{2} + \frac{9\delta}{4R}, \quad \delta = \left(\frac{2\mu_0}{\rho_0\omega}\right)^{\frac{1}{2}} \tag{5.7}$$

式中    $\varphi$——颗粒的体积浓度；

$R$——球形颗粒的半径；

$\rho_p$——颗粒密度；

$\rho_0$——液体的密度；

$\mu_0$——液体的运动黏度；

$\lambda$——超声波的波长。

该模型假设固体颗粒的体积浓度较低，颗粒是光滑球形的且颗粒粒径 $R$ 比声

波波长 $\lambda$ 小得多。

若单位体积矿浆中固体颗粒数为 $n$，则 $\varphi = \dfrac{4}{3}\pi R^3 n$，故有：

$$\alpha = \frac{2}{3}\pi R^3 n \left[ \frac{1}{3}k^4 R^3 + k\left(\frac{\rho_\text{p}}{\rho_0} - 1\right)^2 \frac{S}{S^2 + \left(\dfrac{\rho_\text{p}}{\rho_0} + \tau\right)^2} \right] \qquad (5.8)$$

由式（5.6）或式（5.8），可以得出以下几点结论：

（1）在悬浮液中固体颗粒的体积分数较低的情况下，超声波衰减和固体体积百分比成正比。

（2）悬浮液的声衰减包括散射衰减（第一项）和黏滞衰减（式（5.6）等式右边第二项）两部分；这两项在不同颗粒粒径、不同超声频率时起作用。在超声波波长远大于粒径（$\kappa R \ll 1$）的条件下，声衰减中散射衰减部分可以忽略，黏滞衰减占据主导作用；反之，主要由散射衰减构成。而对于矿浆体系，颗粒粒径分布较宽，这两项衰减均不能忽略。根据式（5.8），只要测得超声波穿过矿浆后的衰减值，就可以得到该矿浆体系中的颗粒平均粒径。

## 5.3　混合粒径情况下的超声波粒度检测理论模型

要建立超声波场中特定体系的超声粒度检测模型，就必须了解该体系的特性以及超声波和该体系间的相互作用。在选矿生产中的磨矿产品实际上就是一种水悬浮液，矿浆浓度通常都很高（通常为 25% ~ 30% 的固体质量浓度），颗粒粒径分布范围较宽，一般为 10 ~ 300μm，这些特征组合在一起使得式（5.6）就不完整。由于该理论模型首先考虑的是在稀释体系中而且是单粒径条件下的衰减，这使得式（5.6）在实际应用仍存在较大困难。根据超声波衰减区域分布图 5.1 可知，超声波通过矿浆体系后，黏滞效应、惯性以及散射均在不同频率不同粒度范围影响超声波的衰减；同时也必须考虑颗粒浓度的影响以及超声波的多散射情况。在这种情况下，对混合粒径下的矿浆体系的超声波衰减公式进行了推导。

超声波穿过矿浆的声衰减受单位体积矿浆中悬浮粒子数量的影响。在正常的固体含量范围内，对任一给定的粒度分布，其衰减随着粒子数量的增加而增大。在讨论混合粒径下超声波的衰减时先提出下列几点假设：

（1）介质相对于超声波波长而言是连续的，即颗粒粒径 $d \ll$ 声波波长 $\lambda$（长波长理论）。由于大多数磨矿产品的颗粒粒度都在 300μm 以下。对于 500kHz ~ 3MHz 之间的超声波频率，均符合长波长理论。

（2）介质是相对静止的，即认为流体本身的运动速度与声传播速度相对甚小，可以略去不计；对于大多数被测的矿浆悬浮液，其流速一般低于 5m/s，而声波在水中的传播速度约为 1500m/s 左右，因此介质的相对静止是成立的。

（3）介质各向同性，即在声场中介质的有关声学和力学特性各向相同；对于单一的矿砂用显微镜观察的结果表明，颗粒一般棱角峥嵘，外形十分复杂。但是对于无数粒子构成的总体而言，由于粒子的随机空间排列，使得介质在宏观上及统计观点上具备了各向同性。

（4）超声波为平面波。在无限大的介质中，平面波的波阵面是一系列与声线垂直的无限大平面，如图 5.2 所示。这些波阵面在声传播过程中始终保持为平面。在超声波粒度仪中选择一发一收的超声波探头，探头辐射的声波为平面波。

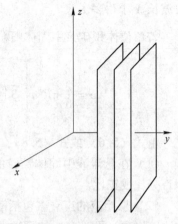

图5.2 平面波示意图

（5）对于假设（1），设想矿浆中的颗粒为球状且呈等距分布。若以一个粒径为 $r$ 的粒子为中心且粒子之间的距离相等，其间的间距为 $r$，这就构成了以一个粒子中心为焦点，建立 20 个正四面体围绕这个焦点形成对它的包围，每个粒子的中心都处在正四面体的角上，则这个正四面体的边长为 $3r$，被 20 个四面体围起的粒子只能位于其中某个四面体的 4 个角上，因此被 20 个四面体围起的粒子的体积为 $4 \times \frac{4}{3}\pi r^3$，故粒子的体积浓度为：

$$\varphi = \frac{被 20 个四面体围起的粒子的体积}{20 个四面体的体积} = \frac{4 \times \frac{4}{3}\pi r^3}{20 \times \frac{\sqrt{2}}{12}(3r)^3} = 0.263 = 26.3\%$$

在正常的磨矿条件下，矿浆中固体颗粒的体积浓度 $\varphi$ 很少超过 20%。以水的密度为 $\rho$ 为 1000kg/m³、粒子的密度 $\rho_p$ 为 2700kg/m³ 为例，固体体积浓度为 20% 时，固体质量分数 $G$ 为：

$$G = \frac{\varphi\rho_p}{\varphi\rho_p + (1-\varphi)\rho} = \frac{20\% \times 2700}{20\% \times 2700 + 80\% \times 1000} = 40.3\%$$

而有磨矿经验的人都可以看出，磨矿分级溢流矿浆固体质量分数一般都在 40% 以下。所以当固体颗粒体积浓度低于 20% 时，粒子间接触产生的干扰认为是不显著的。

根据以上 5 个假设，在矿浆体系中，超声波衰减是由矿浆中各个不同粒径的颗粒的衰减迭加组合而成。假设单位体积矿浆中有 $i$ 组粒径不同的颗粒，且粒径为 $R_i$ 的颗粒数为 $n_i$，那么总衰减就是由所有的颗粒引起的，根据式（5.8）可得：

$$\alpha = \sum_i \alpha_i = \sum_i \frac{2}{3}\pi R_i^3 n_i \left[ \frac{1}{3}k^4 R_i^3 + k\left(\frac{\rho_p}{\rho_0} - 1\right)^2 \frac{S_i}{S_i^2 + \left(\frac{\rho_p}{\rho_0} + \tau_i\right)^2} \right] \tag{5.9}$$

假设在单位体积矿浆中，$n_i$ 为颗粒半径 $R_i$ 的颗粒数，$w_i$ 为所有直径为 $R_i$ 颗粒的重量，若颗粒的密度为 $\rho_p$，则颗粒重量 $w_i$ 和颗粒数 $n_i$ 的关系可以表示为：

$$w_i = \frac{4\pi}{3}R_i^3 \rho_p n_i \tag{5.10}$$

$$n_i = \frac{3}{4\pi}\frac{w_i}{R_i^3 \rho_p} \tag{5.11}$$

如果在单位矿浆体积中所有颗粒的质量为 $M$，那么半径为 $R_i$ 的所有颗粒的质量分数 $G_i$ 为：

$$G_i = \frac{w_i}{M} \tag{5.12}$$

将式（5.10）、式（5.11）和式（5.12）代入式（5.9），得：

$$\alpha = \frac{M}{2\rho_p}\sum_i G_i \left[ \frac{1}{3}k^4 R_i^3 + k\left(\frac{\rho_p}{\rho_0} - 1\right)^2 \frac{S_i}{S_i^2 + \left(\frac{\rho_p}{\rho_0} + \tau_i\right)^2} \right] \tag{5.13}$$

式（5.13）即为在矿浆混合粒径的条件下的超声波衰减的理论模型，它将矿浆中不同粒径颗粒的质量分数 $G_i$，即矿浆中固体颗粒粒度分布嵌入到该理论模型中，是后续分析超声波衰减 – 粒度关系以及计算矿浆颗粒粒度分布的基础模型。

## 5.4 超声波衰减的影响因素分析

从式（5.13）可知，影响超声波衰减的因素有很多，如体系的物性参数（如液体的密度、黏度，固体颗粒的密度、浓度、粒度分布以及超声波频率）等。因此要通过测定超声波衰减值来获得矿浆中颗粒的粒度分布情况就必须综合考虑这些影响因素。本节根据式（5.13）模拟计算和分析了各种不同的影响因素对超声波衰减的影响程度。

### 5.4.1 超声波频率的影响

本节根据式（5.13）对不同频率下石英水悬浮液中超声波衰减值进行模拟计算，计算参数为：20℃水的黏度 0.001Pa·s，密度 998.2kg/m³，超声波在水中传播速度1483m/s；颗粒密度 2700kg/m³，颗粒的粒度分布为单粒径分布，固体颗粒的体积浓度为 10%。模拟结果如图 5.3 所示。

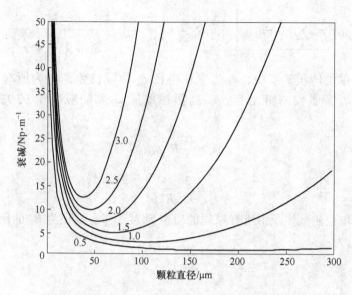

图 5.3    在体积浓度 10% 下，不同频率，超声波衰减随粒度的变化曲线
（曲线上的数字表示频率，MHz）

从图 5.3 可知：

（1）同一频率下超声波衰减随颗粒粒径变化呈显著的非线性关系，在微细粒级，随颗粒粒径的增大，超声波衰减急剧减少，达到最小值；而后随粒径的增大衰减值也随之增大。

（2）低频和高频下的超声波衰减在微细粒粒级变化的趋势和程度是一致的，但达到最小值后，随粒径的增大，高频和低频的声衰减有所不同：低频下的声衰减随粒径的增大，声衰减增长幅度不是很大，如 0.5kHz 下，几乎是一条平行于横坐标的直线；而随着频率的增大，声衰减增长的幅度急剧加大。

（3）随频率的增大，超声波衰减值的最小值有偏向粗粒级的趋势。

从以上分析知，超声波频率应该根据所测量的颗粒的粒度分布来选择，频率太低几乎不能对粒径进行分辨，如 0.5MHz，在选矿矿浆的粒径范围（10 ~ 300μm）几乎无法分辨颗粒的粒径，尤其是在 50μm 以后几乎是一条平行横坐标的直线。在本书实验中选择 1.0MHz 和 2.5MHz 是适合。

## 5.4.2    固体颗粒密度的影响

本节根据式（5.13）对不同密度的固体水悬浮液中超声波衰减值进行模拟计算，计算参数为：20℃ 水的黏度 0.001Pa·s，密度 998.2kg/m³，超声波在水中传播的速度 1483m/s；颗粒的粒度分布为单粒径分布，固体颗粒的体浓度为 10%；超声波频率为 1.0MHz 和 2.5MHz。模拟结果如图 5.4 所示。

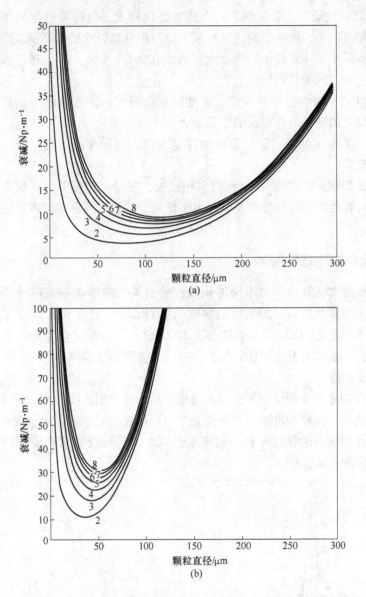

图 5.4 在体积浓度 10% 下，不同密度，超声波衰减随粒度的变化曲线

（曲线上的数字表示密度，g/cm³）

（a）1.0MHz；（b）2.5MHz

从图 5.4 可知：

（1）同一密度下，声衰减和颗粒粒径呈显著的非线性关系，在微细粒级，随颗粒粒径的增大，超声波衰减急剧减少达到最小值；而后随粒径的增大衰减值也随之增大。

（2）同一粒径下，密度越大，声衰减值也越大，但随着密度的增大，声衰减增大的幅度减小，即在低密度时密度变化对声衰减影响要比高密度时大；选矿生产中的实际矿浆体系的平均密度大多数均在 $2.5 \sim 5.0 \mathrm{kg/m^3}$，超声波衰减在一定程度上受密度的变化的影响。

（3）在微细粒级至中等粒级，密度的变化对超声波衰减的影响程度大，而在粗粒级密度的变化对衰减影响不是很大。

（4）随着密度的增大，在检测粒径范围内，随密度的增大，最小值有偏向粗粒级的趋势。

（5）2.5MHz 和 1.0MHz 两种频率相比较，在同一密度下，高频下的超声波衰减与颗粒粒径间的非线性关系显著大于低频下的超声波衰减与颗粒粒径间的非线性关系。

### 5.4.3 固体体积浓度的影响

本节根据式（5.13）对不同体积浓度的石英水悬浮液中超声波衰减值进行模拟计算，计算参数为：20℃ 水的黏度 $0.001 \mathrm{Pa \cdot s}$，密度 $998.2 \mathrm{kg/m^3}$，超声波在水中传播的速度 1483m/s；颗粒密度 $2700 \mathrm{kg/m^3}$，颗粒的粒度分布为单粒径分布；超声波频率分别为 1.0MHz 和 2.5MHz。模拟结果如图 5.5 所示。

从图 5.5 可知：

（1）在频率不变的情况下，超声波衰减随固体体积浓度的增加而增加。

（2）在同一体积浓度下，超声波衰减与颗粒粒径间呈显著的非线性关系。

（3）微细粒级的颗粒粒径的超声波衰减大于粗粒级的超声波衰减，而中等级别的颗粒的衰减值最小。

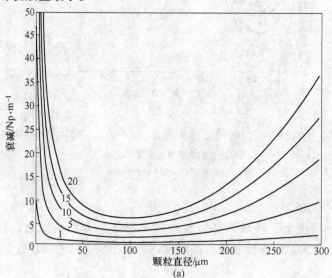

(a)

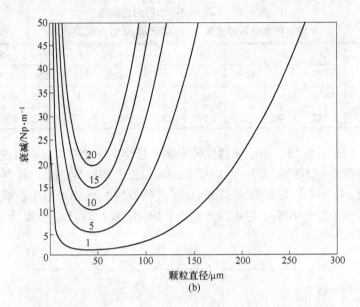

图 5.5 超声波频率 1MHz 和 2.5MHz 时，不同体积浓度下衰减随粒度的变化曲线

（曲线上的数字表示固体体积浓度，%）

（a）1.0MHz；（b）2.5MHz

(4) 在微细粒级段，随着颗粒粒径的增大，超声波衰减急剧减小，而后趋于平缓，达到一最小值；之后随颗粒粒径的继续增大，衰减也越来越大。

(5) 低浓度下，衰减曲线较平坦，且随浓度的减小，衰减最低值有向细粒级偏移的趋势。

(6) 频率越高衰减随颗粒粒径变化的幅度越大，2.5MHz 和 1.0MHz 两种频率相比较，在同一体积浓度下，高频下的超声波衰减与颗粒粒径间的非线性关系显著大于低频下的超声波衰减与颗粒粒径间的非线性关系。

### 5.4.4 矿浆温度的影响

超声波在矿浆中传播时，声衰减不但与介质的性质（浓度、密度、固体颗粒粒度分布等）有关，而且和介质的状态（温度、压强等）有关。温度、压强也能引起声波传播特性的变化，因此必须考虑温度、压强等造成的声衰减的影响。当超声波在液体中传播时，压强每变化一个大气压只引起 0.01% 左右声速的变化，而温度每变化 1℃会引起千分之几的声速变化[12]，而且在一般测试中，温度的相对变化往往比压强的相对变化大，所以在温度和压强的影响中，主要考虑温度的影响。温度对水的物性参数（声波在水中传播的速度 $c$、水的密度 $\rho_0$ 以及黏度 $\mu_0$）的影响见表 5.1。

**表 5.1 不同温度下水的物性参数**
（声波在水中传播速度 $c$、水的密度 $\rho_0$ 以及黏度 $\mu_0$）

| $\theta/℃$ | 5 | 10 | 15 | 20 | 25 | 30 | 35 | 40 | 45 | 50 |
|---|---|---|---|---|---|---|---|---|---|---|
| $c/\text{m}\cdot\text{s}^{-1}$ | 1427 | 1448 | 1466 | 1483 | 1497 | 1509 | 1520 | 1529 | 1537 | 1543 |
| $\rho_0/\text{kg}\cdot\text{m}^{-3}$ | 999.8 | 999.7 | 999 | 998.2 | 997 | 995.7 | 994 | 992.2 | 990.2 | 988.1 |
| $\mu_0/10^{-3}\text{Pa}\cdot\text{s}$ | 1.547 | 1.306 | 1.255 | 1.004 | 0.903 | 0.802 | 0.727 | 0.653 | 0.601 | 0.549 |

下面根据式（5.13）对不同温度的固体水悬浮液中超声波衰减值进行模拟计算，计算参数为：20℃水的黏度 0.001Pa·s，密度 998.2kg/m³，超声波在水中传播的速度 1483m/s；颗粒密度 2700kg/m³，颗粒的粒度分布为单粒径分布，固体颗粒的体积浓度为 10%；超声波频率为 1.0MHz 和 2.5MHz。模拟结果如图 5.6 所示。

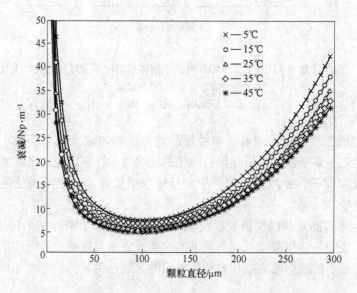

图 5.6　在频率 1MHz、体积浓度 10%，不同温度下超声波衰减随粒度的变化曲线

从图 5.6 可知：

（1）同一温度下，声衰减和颗粒粒径呈显著的非线性关系，在微细粒级，随颗粒粒径的增大，超声波衰减急剧减少达到最小值；而后随粒径的增大衰减值也随之增大。

（2）同一粒径下，温度越高，声衰减值越小。

对实际的矿浆体系进行衰减随矿浆温度变化的实测实验，实测结果如图 5.7 所示，实验采用的是马钢凹山的铁矿石，矿浆固体体积浓度为 13.3%，即固体质量分数为 30%，颗粒粒度分布为 +0.308～0.038mm，实测该粒级的平均密度为

$4620kg/m^3$；$1.0MHz$ 和 $2.5MHz$ 超声波探头间的距离均为 $0.035m$。从图 5.6 可知，对于单粒级的实际物料，超声波衰减随温度的变化与理论模拟计算的趋势是相同的，随温度的升高，超声波衰减值变小。这说明温度对衰减的影响也比较大，在实际粒度的测试过程中应该考虑温度变化的影响。但将图 5.6 和图 5.7 进行对比，发现根据理论模型式（5.13）模拟计算出来的超声波衰减值远大于超声波实测值，这说明本节建立的混合粒径下的超声波衰减理论模型尚不能直接进行实际应用，需要对该理论模型进行修正。

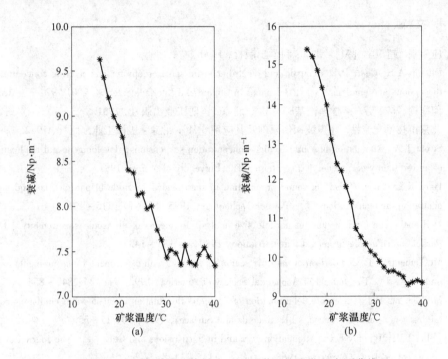

图 5.7　实际矿浆中超声波衰减随矿浆温度变化的实测曲线
（a）1.0MHz；（b）2.5MHz

## 5.5　本章小结

本章对超声波在非均相体系中进行传播的衰减机理进行了分析，介质的黏滞性、热传导、颗粒的散射是造成的超声波衰减的最主要的原因。但在不同频率和不同颗粒粒径情况下，各种机理的作用范围不同，将超声波在悬浮液中的衰减划分为三个区域：黏滞区、惯性区和多散射区，因此可以在不同的范围应用不同的机理来对超声波的衰减进行分析。

在对超声波粒度检测基本理论模型分析的基础上，提出了在混合粒径下，将粒度分布函数集成到超声粒度检测的理论模型中，并推导得到了混合粒径下的超声波粒度检测的理论模型，并对影响超声波衰减的主要影响因素（超声波频率、颗粒密度、浓度、矿浆温度等）进行了数值模拟和定性分析，同时在矿浆温度变化的情况下进行了超声波衰减的实测分析。从分析的结果来看，超声波通过矿浆体系后产生的衰减受到各种环境影响因素的作用，所建立的理论模型离实际应用尚有差距，但为以后的研究工作提供了基础。

## 参 考 文 献

[1] 应崇福. 超声学 [M]. 北京：科学出版社, 1990.

[2] Dukhin A S, Goetz P J. Acoustic and electro acoustic spectroscopy for charactering concentrated dispersions and emulsions [J]. Advances in Colloid and Interface Science, 2001, 92: 73～132.

[3] 何祚镛, 赵玉芳. 声学理论基础 [M]. 北京：国防工业出版社, 1981.

[4] 北京市技术交流站. 超声波探伤原理及其应用 [M]. 北京：机械工业出版社, 1982.

[5] Strout T A. Attenuation of sound in high-concentration suspensions, development and application of an oscillatory cell model [D]. Maine: The University of Maine, 1991.

[6] Harri K Kytömaa. Theory of sound propagation in suspensions: a guide to particle size and concentration characterization [J]. Powder Technology, 1995, 82 (1): 115～121.

[7] U Riebel. The fundamentals of particle size analysis by means of ultrasonic spectrometry [J]. Particle and Particle Systems Characterisation, 1989, 6: 135～143.

[8] McClements D J. Comparison of multiple scattering theories with experimental measurements in emulsions [J]. The Journal of Acoustical Society of America, 1992, 91 (2): 849～854.

[9] McClements D J. Ultrasonic determination of depletion flocculation in oil-in-water emulsions containing a non-ionic surfactant [J]. Colloids and Surfaces, 1994, 90: 25～35.

[10] Blue J E, McLeroy E G. Attenuation of Sound in Suspensions and Gels [J]. The Journal of Acoustical Society of America, 1968, 44 (4): 1145～1148.

[11] 张叔英, 钱炳兴. 高浓度悬浮泥沙的声学观测 [J]. 海洋学报, 2003, 25 (6): 54～60.

[12] 钱炳兴, 凌鸿烈, 孙跃秋, 等. 超声波浮泥重度测量仪 [J]. 声学技术, 2001, 20 (1): 42～44.

# 6 改进的混沌遗传反演方法研究及 粒度分布函数参数反演

在超声波粒度检测过程中，矿浆中颗粒系的粒度分布是通过测定超声波衰减来反演计算出来的，属于反问题研究；而且粒度分布与超声波衰减间的关系是一种非线性关系，采用非线性反演的方法对矿浆中颗粒的粒度分布进行反演计算是本书讨论的重点内容之一。本章主要探讨非线性反演方法——混沌遗传算法的思路和实现步骤，根据粒度分布函数采用改进的混沌遗传算法对实际颗粒系的粒度分布进行反演计算，以证明采用的反演方法的有效性和可靠性，为本书后续提出的超声波粒度检测非线性模型的参数反演提供研究方法和技术支持。

## 6.1 改进的混沌遗传反演方法研究

### 6.1.1 标准遗传算法的不足及其改进

遗传算法的实现涉及五个主要因素：参数编码、初始球体的设定、评估函数（即适应函数）的设计、遗传操作的设计和算法控制参数的设定；其中遗传操作的设计起着重要的作用。一般是采用随机交叉，由两个个体的交叉产生两个新的个体，其结果是使父代和子代之间很相似，然而这种"过分"的相似，有一定程度的局限性，对于单调函数、严格凸或单峰函数，能在初始时很快向最优值进展，但在最优值附近收敛较慢；对多峰函数，则更容易出现所谓"早熟"现象，即局部收敛。出现"早熟"现象的三个主要原因是：关键基因缺乏、有效模板被破坏、参数设置不当。为了克服这些缺陷，通常以一个极小的概率来进行变异操作，以便能跳出局部极小，然而变异所起的作用很有限，变异太小对解改进不大，变异大了会导致算法的跳动。为此，人们尝试了许多改进方法，包括设计不同的选择、交叉及变异算子，改变算法结构，设计自适应交叉和变异概率，将遗传算法与其他优化智能方法相结合等[1~5]。

遗传算法与其他优化智能方法相结合归纳起来通常有三种集成方式：

（1）两种算法独立求解，其中一方利用对方的计算结果，但并不直接进入对方的搜索过程中，最常见的做法是：一旦遗传算法搜索到优异的可行解后，马上换用其他算法求解。

（2）一方作为附加成分被加入另一方的搜索中。例如，在遗传算法中引入其他算法，该算法在遗传算法的计算基础上，通过搜索产生更优的最优个体，引导种群新一轮进化。

（3）两种算法融合在一起共同求解，一方作为对方的必要组成部分，直接参与对方的搜索。如，禁忌搜索与遗传算法集成时，前者就是后者的变异算子。本书就是采用混沌和遗传算法融合在一起的集成方式。

### 6.1.2　改进的混沌遗传算法的特点

混沌是自然界中一种较为普遍的现象，具有随机性、遍历性及规律性等特点，在一定范围内能按其自身规律不重复地遍历所有状态。因此在传统遗传算法的基础上，首先采用混沌寻优算子进行遍历寻优，以较优的个体作为遗传算法的初始群体。然后在传统的遗传算法的三种基本算子的基础上，增加混沌扰动算子来维持群体中个体的多样性，克服传统遗传算法中近亲繁殖的问题，防止算法早熟，确保全局收敛性。改进的混沌遗传算法的基本操作流程如图 6.1 所示。

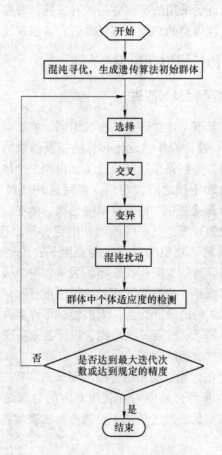

图 6.1　改进的混沌遗传算法的基本操作流程

### 6.1.2.1 混沌寻优算子

采用十进制浮点数对个体直接编码。设混沌总规模为 $n\_chaos$，即通过混沌算子生成的个体的总数；混沌群体为 $chaos\_pop$；优化变量的个数为 $nvar$，各优化变量的取值范围为 $[a_i, b_i]$，$i = 1, 2, \cdots, nvar$，则生成混沌群体 $chaos\_pop$ 的 MAT-LAB 函数为：

```
function[ chaos_pop] = chaos(nvar,n_chaos,a,b)
t(1,:) = rand(1,nvar);%随机生成混沌变量初始值
for u = 1 : n_chaos
        chaos_pop(u,:) = a + (b - a).* t(u,:);%将混沌变量映射到优化变量空间
        t(u + 1,:) = 4.* t(u,:).*(1 - t(u,:));%Logistic 混沌模型
end
```

其中 $t$ 为 $[0,1]$ 区间上的混沌变量。为了确保混沌操作个体基因的多样性和质量，首先按均匀分布随机生成 $[0,1]$ 区间上的混沌变量初始值 $t(1,:)$；然后以 $t(1,:)$ 为混沌变量种子，按 Logistic 混沌映射模型式（6.1）生成其余 $t(u+1,:)$，并将混沌变量映射到优化变量空间。其中的 Logistic 混沌模型式（6.1）为 $[0,1]$ 混沌空间上的数值迭代。

$$t_i^{(u+1)} = \mu t_i^{(u)}(1 - t_i^{(u)}) \tag{6.1}$$

式中　$i$——混沌变量的序号，$i = 1, 2, \cdots, nvar$（这里优化变量为 $(n, X)$，故 $nvar = 2$）；

　　　$u$——种群序号，$u = 0, 1, \cdots, n\_chaos$；

　　　$t_i$——混沌变量，$t_i \in [0,1]$，即混沌空间为 $[0,1]$；

　　　$\mu$——吸引子，若吸引子 $\mu = 4$，则混沌系统完全处于混沌状态且混沌变量 $t_i$ 在 $(0,1)$ 范围内遍历。因此混沌吸引子 $\mu$ 取 4。

设遗传操作群体规模为 $popsize$。通过混沌算子进行寻优，可以从上述所得的混沌群体 $chaos\_pop$ 中挑选出 $popsize$ 个适应度值较大的优秀个体，构成遗传操作的初始群体，进行遗传算子的操作。这样从寻优一开始就可通过混沌算子搜索到一批较优的个体，加快寻优的过程。

### 6.1.2.2 混沌扰动算子

在遗传操作中，每一代经过复制、交叉、变异三种基本的遗传操作后，以当前最优点为中心，附加一混沌小扰动，进行细搜索寻优。

参照文献 [4,5] 的方法，令：

$$z = (1 - \alpha)tt + \alpha t^k \tag{6.2}$$

式中　$tt$——当代最优解映射到混沌空间 $[0,1]$ 后形成的混沌向量；

　　　$t^k$——当代较差的 90% 的个体映射到混沌空间 $[0,1]$ 后形成的混沌向量；

z——加了混沌扰动后与 $t^k$ 对应的混沌变量；

α——自适应混沌扰动系数，$0 < \alpha < 1$，按式（6.3）确定[5]。

$$\alpha = 1 - \left(\frac{k-1}{k}\right)^{popsize} \tag{6.3}$$

式中    *popsize*——遗传操作群体规模数；

　　　　k——遗传操作当前的迭代次数。

混沌扰动算子操作的 MATLAB 函数为：

    function[chaos_distur_pop] = chaos_disturbance(t,popsize,k,tt,b,a)

% popsize——与优化目标有关，一般为遗传操作群体规模数；

% k——遗传操作当前迭代次数；

% alpha——混沌扰动系数 α；

alpha = 1 - ((k - 1)/k)^popsize;

Z = (1 - alpha) * tt + alpha. * t;

    chaos_distur_pop = a + (Z - min(Z)). * (b - a). /(max(Z) - min(Z));

% 混沌空间映射到优化空间。

式中，max 和 min 分别为求最大值和最小值的 MATLAB 库函数。

### 6.1.3　改进的混沌遗传算法的效率和性能分析

　　遗传算法不直接对反演问题的实际待求变量进行操作，要通过编码将实际待求变量表示成串结构数据。在混沌遗传算法中，优化对象有两种编码：二进制编码与浮点数编码。首先，对对象进行浮点数编码，进行混沌搜索，初始混沌种群规模数远远大于遗传操作群体规模数，从初始混沌种群中选择与遗传操作群体规模相等的较优的个体，将这些个体从混沌空间解码到优化空间，即产生遗传操作的浮点数编码，作为遗传操作的初始种群；然后，解码为二进制，进行典型的遗传操作——复制、交叉和变异，一次进化完成后，解码为对象的浮点数编码；最后，对较差的部分个体（浮点数编码）进行混沌扰动，以维持个体的多样性，提高群体的质量；不断循环上述过程。个体所具有的混合数据结构可显著提高算法的精度，大大降低二进制编码长度对算法精度的影响。

　　根据该算法作者采用 MATLAB 编制了计算程序，使用的微机主要配置为 PIII，CPU2.4GHz，256M 内存，40G 硬盘。为检验该算法的有效性，现对以下函数进行优化计算，这些函数是国内外学者常采用的用来检验优化方法的测试函数。算法参数的设定为：每个 $x_i$ 用 16 位二进制串表示；遗传操作种群规模数 50，迭代次数 $M = 100$，适应度迭代不变次数 $N = 10$，优秀个体选择复制概率 $P_s = 0.1$，交叉概率 $P_c = 0.8$，变异概率 $P_m = 0.1$；混沌搜索种群规模数 $n\_chaos = 800$，吸引子 $\mu = 4$。表 6.1 列出对函数 $f_1 \sim f_4$ 采用本算法进行优化得出的结果，这些函数都只有一个全局最优解，但可能存在多个局部极小值。应该指出的是，表 6.1 中结果是作者连续 10 次优化结果中的第一次，这里不取平均值或者最佳值，因为作者发现这 10 次中没有一次是失败的，而且精度都惊人的高，且认为当优化得出的最优值与真实最优值相差小于 0.1% 即是成功的。表 6.2 列出函数 $f_1 \sim f_4$ 采用传统的遗传算法进行优化得出的结果，与表 6.1 比较，传统遗传算法寻优时间长，寻优精度相对较低。

$$f_1 = 100(x_1^2 - x_2^2) + (1 - x_1)^2, \qquad x_i \in [-2.048, 2.048]$$

$$f_2 = 0.5 + \frac{\sin^2 \sqrt{x_1^2 + x_2^2} - 0.5}{(1 + 0.001(x_1^2 + x_2^2))^2}, \qquad x_i \in [-100, 100]$$

$$f_3 = -\left(1.0 + 8x_1 - 7x_1^2 + \frac{7}{3}x_1^3 - x_1^4\right)(x_2^2 e^{-x_2})(x_3 e^{-(x_3+1)}), \quad x_i \in [0, 10]$$

$$f_4 = x_1^2 + x_2^2 + x_3^2, \qquad x_i \in [-100, 100]$$

**表 6.1　改进的混沌遗传算法优化法寻优结果**

| 函数 | 最优点 | | 最优值 | | 寻优时间 /s | 成功率 /% |
|---|---|---|---|---|---|---|
| | 实际 | 计算 | 实际 | 计算 | | |
| $f_1$ | (1, 1) | (1, 1) | 0 | 0 | 0.047 | 100 |
| $f_2$ | (0, 0) | $(5.646 \times 10^{-6}, 5.646 \times 10^{-6})$ | 0 | 0 | 0.047 | 100 |
| $f_3$ | (4, 2, 1) | (4.0214, 2.0018, 0.99995) | -0.463996 | -0.4639 | 0.734 | 100 |
| $f_4$ | (0, 0, 0) | $(5.975 \times 10^{-8}, -8.05 \times 10^{-9}, 6 \times 10^{-11})$ | 0 | $3.6347 \times 10^{-15}$ | 0.110 | 100 |

**表 6.2　传统的遗传算法寻优结果**

| 函数 | 最优点 | | 最优值 | | 寻优时间 /s | 成功率 /% |
|---|---|---|---|---|---|---|
| | 实际 | 计算 | 实际 | 计算 | | |
| $f_1$ | (1, 1) | (1, 1) | 0 | $2.0234 \times 10^{-5}$ | 5.406 | 100 |
| $f_2$ | (0, 0) | $(-8.234 \times 10^{-4}, -8.234 \times 10^{-4})$ | 0 | $3.1467 \times 10^{-6}$ | 3.031 | 100 |
| $f_3$ | (4, 2, 1) | (4.0021, 2.0238, 1.0253) | -0.463961 | -0.4629 | 10.485 | 100 |
| $f_4$ | (0, 0, 0) | (0.8762, 0.9961, 1.3526) | 0 | 4.7123 | 200.342 | 不成功 |

因此，采用改进的混沌遗传算法可以提高遗传算法的效率和性能：

（1）初始种群采用标准的混沌模型式（6.1）产生，可以使初始种群的范围更广，然后选取适应度高的那部分群体作为初始群体，这样一开始就对初始群体进行了优化选择，提高了搜索的效率。

（2）部分更新种群，采用最优个体保护策略。基于马尔科夫链的定量的数学证明认为带最优串保护的遗传算法才是全局收敛的。当代最好个体或部分较优个体直接复制进入下一代，本节采用10%较优个体进行复制。

（3）采用均匀交叉、单点变异。交叉操作是遗传算法的主要搜索工具，有单点交叉、二点交叉和均匀交叉等多种形式，本节采用均匀交叉。交叉概率 $P_c = 0.8$，变异概率 $P_m = 0.1$；这两个参数都是根据大量的实验确定下来的。应该说，交叉和变异操作是遗传算法中开发新的搜索区域的两个主要算子，二者的概率控制着整个遗传算法进化的进度。尤其是交叉操作，较大的交换率可增强遗传算法开辟新搜索区域的能力，但群体中的优良模式遭到破坏的可能性增大，可能产生较大的代沟，从而使搜索走向随机化；交换率低，产生的代沟小，这样可以保持一个连续的解空间，使找到全局最优解的可能性增大，但进化的速度就很慢，而且如果交换率太低，就会使较多的个体直接进入下一代，遗传搜索可能陷入停滞状态。一般建议的取值范围是 0.4 ~ 0.99。同样对于变异概率，其值越大，产生的个体越多，增加了群体的多样性，但也有可能破坏掉很多较好的模式，使得遗传算法的性能近似于随机搜索算法的性能；若变异概率取值太小的话，则变异操作产生新个体的能力和抑制早熟现象的能力就会越差，一般建议的取值范围是 0.01 ~ 0.1。

（4）变异操作完成后，可对一部分较差个体进行混沌扰动，扩大搜索范围，增强群体的多样性，以进一步加快搜索最优解的速度。

## 6.2　粒度分布参数的混沌遗传算法反演计算

### 6.2.1　粒度分布参数反演计算的适应度函数设计

根据粒度分布函数对其参数进行计算，属于反问题研究。对于具有一定尺寸分布的颗粒系，如果颗粒尺寸分布满足 R-R 分布，则可以写为：

$$dG(d) = m \frac{d^{m-1}}{X^m} \exp\left[ -\left(\frac{d}{X}\right)^m \right] dd \tag{6.4}$$

在 $[d_i, d_{i+1}]$ 区间上颗粒所占的质量分数 $G_i$ 即尺寸分布为：

$$G_i = \int_{d_i}^{d_{i+1}} dG \tag{6.5}$$

在进行反演计算时，先应用最优控制解的概念定义问题的解，可得反演数值计算模型式（6.4），即混沌遗传算法中的适应度函数：

$$\min f(m, X) = \text{sum}(G_i - \overline{G_i})^2 \tag{6.6}$$

式中　$\min f(m, X)$——求解函数 $f$ 最小值的函数，而 $f(m, X) = \text{sum}(G_i - \overline{G_i})^2$；

　　　　$G_i$——根据式（6.5）计算出来的值；

$\overline{G_i}$——实测值；

sum——求和函数。

该式的含义即为，对于某一颗粒系，各粒级的质量分数反演计算值与实测值的误差平方和最小时所对应的反演参数为颗粒系的粒度分布参数。函数 $\min f(m,X)$ 的值一般很小，为此，在程序设置可以给定一个精度 $\varepsilon$，如果 $f(m,X) \le \varepsilon$，则将解 $x$、$f(m,X)$ 保存至优化解文件中，程序执行时按是否需要选择此参数加以确定，这样的设定可满足不同情况的需求。根据式（6.5）和式（6.6）计算的各级别的质量分数 $G_i$ 和适应度值的 MATLAB 函数如下。

（1）颗粒系各级别质量分数计算函数 G 为：

```
function eval = G(m,X,Dmin,Dmax,func_distri)
%       m,X 为粒度分布参数；
%       func_distri 为三种不同粒度分布函数的选择；
%       0 — Gaudin 分布。
%       1 — R-R 分布。
%       2 — log normal 分布。
Dmin = 0.000001/1000.;Dmax = 0.038/1000;func_distri = 2;
if   func_distri = =0
    f1 = (Dmin./X).^m;    f2 = (Dmax./X).^m;   eval = f2 - f1;
    elseif func_distri = = 1
        f1 = 1 - exp( - (Dmin./X).^m);   f2 = 1 - exp( - (Dmax./X).^m);
eval = f2 - f1;
    elseif func_distri = = 2
        D1 = linspace(Dmin,Dmax);   %将区间[Dmin,Dmax]等分为 100 个小区间
        F1 = log10(2.71828983)./(sqrt(2*pi).*m)
            .*exp( -0.5.*(log10((1./X)*D1)./m.^2))./D1;
        FF1 = mmintgrl(D1,F1');% mmintgrl 为积分函数
        eval = FF1(end,:)';
end
```

式中   sqrt——平方根 MATLAB 函数；

log10——以 10 为底的对数 MATLAB 函数。

（2）适应度函数 fitness 为：

```
function scores = fitness(nvar,pop,b,a,func_distri)
    [popsize,lchrome] = size(pop);
    scores = zeros(1,popsize);
vars = decodeb(pop,nvar,b,a);%解码
D = [0 0.0385 0.074 0.10 0.154 0.3];
G0 = [66.4 27.3 2.2 2.1 1.1]./100;   %实测的各粒级的质量分数
```

```
for i = 1 : popsize
    for j = 1 : size( D,2 ) – 1
        Dmin = D( j ) ;Dmax = D( j + 1 ) ;
        G( i,j ) = G( vars( i,1 ) ,vars( i,2 ) ,Dmin,Dmax,func_distri ) ;
% 调用函数 G 计算各粒级的质量分数
        eval( i,j ) = ( G( i,j ) – G0( j ) )^2;
    end
end
scores = 1. ∕ sum( eval' ) ;
```

式中    size——求矩阵维数的 MATLAB 函数。

## 6.2.2    粒度分布参数反演算法

典型的遗传操作采用二进制编码，即用一个二进制串代表要估计的变量，每个二进制串由一定数量的子串构成，每个子串代表一个待求变量。本次反演计算的待求变量有两个：$m$ 和 $X$。$m$ 的取值范围为 $[0.5,2]$，二进制 0/1 子串的长度取 8，$X$ 取值范围为 $[10,300]$，单位为 μm，二进制 0/1 子串的长度取 16。如 101011000110101001001110 代表了 $m$ 和 $X$，其中前 8 个二进制字符 0/1 子串代表变量 $n$，后面 16 个二进制字符 0/1 子串代表变量 $X$。而混沌初始寻优搜索采用的是浮点数编码。

改进的混沌遗传算法搜索待优化粒度分布参数 $(m,X)$ 的流程框图如图 6.2 所示，算法步骤如下：

（1）设定初始参数。遗传操作群体规模数 $popsize = 50$；变量 $(m,X)$ 的取值范围 $[a_i,b_i](i = 1,2)$，其中 $[a_1,b_1] = [0.5,2]$，二进制 0/1 子串的长度取 8，$[a_2,b_2] = [10,300]$，二进制 0/1 子串的长度取 16；父代优秀个体的选择复制概率 $P_s = 10\%$，父代间的交叉概率 $P_c = 0.8$，子代的变异概率 $P_m = 0.1$。初始混沌种群规模数 $n\_chaos$ 为 800，混沌算子中的吸引子 $\mu = 4$。总迭代次数 $M$，适应度值不变次数 $N$。

（2）混沌寻优算子操作。选用式（6.1）所示的 Logistic 映射给混沌遗传优化变量赋初值。给式（6.1）赋 $nvar$ 个微小差异的初值，得到 $nvar$ 轨迹不同的个混沌变量 $t_i^{(u+1)}$，$i = 1,2,\cdots,nvar$。依次取 $u = 0,1,\cdots,n\_chaos$，可得到 $n\_chaos$ 组初始混沌变量。

（3）将初始混沌变量映射到优化变量的空间 $[a_i,b_i]$。按式（6.7）将 $nvar$ 个混沌变量 $t_i^{(u+1)}$ 分别引入到式（6.7）的 $nvar$ 个优化变量中，使 $n\_chaos$ 组初始混沌变量的变化范围分别变换到相应的优化变量的取值范围，得到 $n\_chaos$ 组优化变量 $x_i'$。

$$x_i' = a_i + ( b_i - a_i ) t_i^{(u+1)} \tag{6.7}$$

式中，$i = 1,2,\cdots,nvar$。

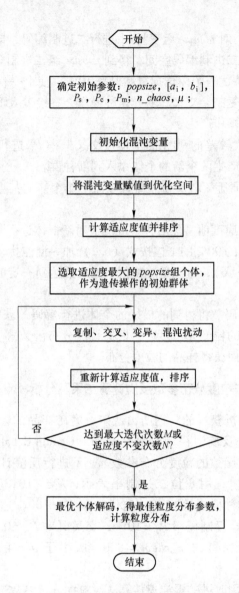

图 6.2 粒度分布参数的混沌遗传算法流程框图

（4）计算适应度值。以式（6.6）作为适应度函数，对 $n\_chaos$ 组优化变量 $x_i'$，即将不同的粒度分布参数 $m = x_1'$，$X = x_2'$ 代入到式（6.5）计算出 $n\_chaos$ 组不同级别颗粒的重量百分数；然后根据式（6.6）计算出 $n\_chaos$ 组适应度值，并对这 $n\_chaos$ 组适应度值进行降序排列，从这 $n\_chaos$ 组值中按从大到小选取 $popsize$ 组高适应度值的个体（此时为浮点数），以 $popsize$ 组高适应度值的个体作为遗传算法的初始编码。

（5）遗传操作。

1）二进制编码。对 *popsize* 组变量 $x_i'$ 进行二进制编码，即将变量 $x'$ 从实数空间映射到遗传算子的二进制编码空间，得到 *popsize* 组二进制 0/1 字符串；

2）选择继承。按优秀个体选择复制概率 10%，使上一代群体中适应度最大的一部分个体不参加复制、交叉、变异三种操作，直接带入下一代群体。其他个体由交叉、变异两种操作产生。

3）交叉。对父代较差的 90% 的个体按交叉概率 $P_c$ 进行随机配对，由配对的两个父代个体交叉产生两个新的个体添入到新种群。

4）变异。按变异概率 $P_m$，随机地改变某一个个体的某个字符，将产生的新个体添入到新种群。

（6）计算新的适应度值，然后按适应度值对新群体进行降序排序。

（7）对其中较差的 90% 的个体按式（6.2）加一混沌扰动：

（8）重复（4）~（6），直到适应度值不变次数达到一定的次数 $N$，或者达到设定的迭代次数 $M$。

（9）最优个体解码。将得到的最好的个体进行解码，获得最好的优化参数，该优化参数即为最优的粒度分布参数，根据粒度分布函数式（6.5）计算出各级别的重量百分数，从而获得样品的粒度分布。

### 6.2.3 混沌遗传算法粒度分布参数反演计算结果及分析

现根据实验室筛析获得的马钢凹山铁矿石磨矿产品的粒度分布数据，采用改进的混沌遗传算法及反演模型对 R-R 分布、Gaudin-Schahman 分布以及对数正态分布等粒度分布函数的粒度分布参数 $m$、$X$ 进行反演计算，算法参数的设定归纳为：$m \in [1, 2]$，用 8 位二进制串表示；$X \in [10, 300]$，用 16 位二进制串表示；遗传操作种群规模数 50，迭代次数 $M = 100$，适应度迭代不变次数 $N = 10$，优秀个体选择复制概率 $P_s = 10\%$，交叉概率 $P_c = 0.8$，变异概率 $P_m = 0.1$；混沌搜索种群规模数 $n\_chaos = 800$，吸引子 $\mu = 4$。反演计算结果见表 6.3。

从表 6.3 可知，用改进的混沌遗传算法对粒度分布参数进行反演计算，反演计算值和实测值拟合得非常好，尤其是对于粒度较细的矿样，精度达到了0.0001。这也验证了前人的研究：R-R 分布适合粒度分布较细的磨矿产品，而 *Gaudin-Schahman* 分布适合计算较细粗的物料。

由此可见，用遗传算法对矿样的粒度分布参数进行计算是一种新颖可行的反演方法。一方面，它不要求函数连续、可微，不需要人为给出良好的初始模型，其初值由混沌优化产生，在搜索区域内具有广泛的代表性，其概率性全局收敛性质可以克服目标函数的多极性，结果可靠；另一方面，作者对反演计算进行了大量的实验，发现采用改进的混沌遗传算法收敛速度相当快，一般只需几秒钟就可以搜索到最优值，有时只需几代就可以搜索到最优值，一般30~40代已经足够。

表6.3 马钢凹山铁矿石磨矿矿样粒度分布及反演结果

| 矿 样 | | 不同粒径目的矿砂含量/% | | | | | 分布参数 | | 精度 |
|---|---|---|---|---|---|---|---|---|---|
| | | <0.038 | 0.076~0.038 | 0.1~0.076 | 0.154~0.1 | >0.154 | $m$ | $X$ | |
| 1 | 实测值 | 81.2 | 17.6 | 0.6 | 0.1 | 0.5 | 1.7451 | 28.5931 | 0.0001 |
| | 计算值 | 81.74 | 18.31 | 0.39 | 0.01 | 0.00 | | | |
| 2 | 实测值 | 76.5 | 21.9 | 1.0 | 0.1 | 0.5 | 1.6392 | 30.5964 | 0.0001 |
| | 计算值 | 77.16 | 22.24 | 1.09 | 0.09 | 0.00 | | | |
| 3 | 实测值 | 64.2 | 27.5 | 2.7 | 5.5 | 0.03 | 1.2235 | 38.1902 | 0.0015 |
| | 计算值 | 64.62 | 27.11 | 6.04 | 3.55 | 0.41 | | | |
| 4 | 实测值 | 55.7 | 27.4 | 5.5 | 8.5 | 2.9 | 1.0627 | 47.9701 | 0.0006 |
| | 计算值 | 55.85 | 26.42 | 6.26 | 8.32 | 3.15 | | | |
| 5 | 实测值 | 52.1 | 28.8 | 6.4 | 9.2 | 3.5 | 1.1255 | 51.3452 | 0.0009 |
| | 计算值 | 52.3 | 27.93 | 9.27 | 9.01 | 3.19 | | | |
| 6 | 实测值 | 44.5 | 25.9 | 6.7 | 12.4 | 10.5 | 1.0000 | 67.0886 | 0.0014 |
| | 计算值 | 44.16 | 24.40 | 9.8 | 12.6 | 9.03 | | | |
| 7[①] | 实测值 | 38.9 | 13.8 | 4.9 | 9.5 | 32.8 | 0.5020 | 251.4742 | 0.0050 |
| | 计算值 | 35.69 | 14.51 | 7.41 | 13.94 | 28.45 | | | |
| 8[①] | 实测值 | 24.1 | 12.2 | 3.5 | 8.1 | 52.1 | 0.8078 | 263.9751 | 0.0206 |
| | 计算值 | 19.04 | 13.94 | 8.19 | 7.18 | 51.65 | | | |

① 采用 Gaudin-Schahman 分布，其余的采用 R-R 分布。

## 6.3　本章小结

本章对非线性反演优化方法——混沌遗传反演方法进行了研究，在传统遗传算法的基础上，首先采用混沌寻优算子进行遍历寻优，以较优的个体作为遗传算法的初始群体；然后在传统的遗传算法的三种基本算子的基础上，增加混沌扰动算子来维持群体中个体的多样性，克服传统遗传算法中近亲繁殖的问题，防止算法早熟，确保全局收敛性。对改进的混沌遗传算法的效率和性能进行了分析，用国内外学者常采用的检验优化方法的测试函数检验了混沌遗传算法的有效性和可靠性。

本章还介绍了描述磨矿产品粒度组成的颗粒粒度分布函数和分布曲线。根据实验室筛析获得的磨矿产品的粒度分布数据，采用改进的混沌遗传算法及反演模型对 R-R 分布、Gaudin-schahman 分布以及对数正态分布等粒度分布函数的粒度分布参数进行反演计算。得到如下结论：用改进的混沌遗传算法对粒度分布参数进行反演计算，反演计算值和实测值拟合得非常好，尤其是对于粒度较细的矿样，精度很高；用混沌遗传算法对矿样的粒度分布参数进行计算是一种新颖可行、可靠而且速度较快的反演方法，在后面超声波粒度检测非线性模型的参数反演中就是采用改进的混沌遗传算法。

## 参 考 文 献

[1] 刘康. 一种改进的遗传算法——领域真空法 [J]. 机械科学与技术, 2002, 21 (2): 207 ~ 209.

[2] 李兵, 蒋慰孙. 混沌优化方法及其应用 [J]. 控制理论与应用, 1997, 14 (4): 613 ~ 615.

[3] 王晓华, 敬忠良, 姚晓东, 等. 由倍周期分叉走向混沌的 Logistic Map 及其控制器设计 [J]. 信息与控制, 2001, 30 (4): 318 ~ 321.

[4] 王子才, 张彤. 基于混沌变量的模拟退火优化方法 [J]. 控制与决策, 1999, 14 (4): 382 ~ 384.

[5] 姚俊峰, 梅炽, 彭小奇, 等. 改进的混沌遗传算法及其在炼铜转炉操作优化中的应用 [J]. 中国有色金属学报, 2001, 11 (5): 920 ~ 924.

# 7 混合粒径下超声波粒度检测
理论模型的分形修正

尽管第 5 章已经推导出了混合粒径下超声波矿浆粒度检测的理论模型，但是该理论模型的推导过程中有许多假设，所以该理论模型离实际应用还存在差距，超声波衰减理论计算值与实测值相当不吻合，说明该模型需要进行修正。本章在分析前人研究的基础上，采用分形理论对混合粒径下的超声波粒度检测理论模型进行修正，采用第 4 章的混沌遗传反演方法对基于分形修正的超声波粒度检测非线性模型的分形维进行反演计算，对单级别物料和混合粒径下的物料分形修正前的理论计算值、分形修正后理论计算值和实测值进行了比较和分析。

## 7.1 颗粒的不规则性和絮凝的影响

由于超声波衰减的机理非常复杂，在理论模型研究过程中，如 ECAH 理论模型[1]、耦合相理论模型[2]、多散射理论模型[3~5]以及 BLBL 模型[6,7]，都进行了一些理想的假设。假设超声波在多分散体系中的总衰减为体系中每个粒级的衰减的简单线性叠加，而且同样有多种假设条件，如颗粒是球形的假设，说明在模型中计算的每个颗粒都是球形的；稀释的假设说明在体系中不存在颗粒与颗粒间的相互作用，这些假设限制了这些的理论仅仅在颗粒体积分数很小的情况下可以使用。毋庸置疑，这些理论模型在某些特定的条件下的确对实验数据提供了正确的解释。许多研究工作者对这些理论模型进行了实验验证，认为在一定的条件下是可行的[2~4,6~8]。Allegra 和 Hawley 最早采用 20%（体积分数）的甲苯乳剂、10%（体积分数）十六烷乳液以及 10%（体积分数）的聚苯乙烯胶乳对 "ECAH theory" 进行了验证[8]，结果表明试验和 "ECAH theory" 拟合得非常好。后来 Mc-Clements 采用多散射理论模型对乳剂进行试验，获得了相同的结果[5]。近年来 Holmes 等人对体积浓度高达 30% 的聚苯乙烯胶乳进行了研究，同样表明了理论模型和试验的一致性[9,10]。但要注意的是，这些模型对于中等浓度的体系呈现出的有效性都是针对热效应比较显著的乳剂或胶乳溶液，在这些体系中，由于颗粒受表面的黏滞边界层厚度 $\delta_v$ 或热边界层厚度 $\delta_0$ 的影响，颗粒粒径与其边界层厚度相比较要小[11]，颗粒的形状和表面粗糙度对超声波衰减均没有影响，因此，可以忽略不计。

目前，也有许多资料表明[12~17]，实验数据与基于颗粒是光滑、球形的假设的理论预测值出现了极大的不一致的情况，这可能是由于当颗粒的尺寸大于黏性边界层或热边界层厚度时，颗粒表面形状的不规则以及表面粗糙度，或者在高浓度下细颗粒的絮凝，或者二者兼而有之，都可能会影响超声波的衰减。

Evans[18]采用 Clift 等人[19]定义的两个有效半径 $R_v$（从黏滞阻力的角度定义的）和 $R_h$（从热传递角度定义的）来修正耦合相理论（couple phase theory），这两个有效半径对球形、扁球形、方形的颗粒的表达式见表 7.1。图 7.1 所示表明了对扁球形颗粒和方形颗粒应用有效半径去计算声衰减效果并不优于应用球半径去计算声衰减，反而不如应用球形半径好。这说明应用有效半径 $R_v$ 和 $R_h$ 去估算不规则形状颗粒的声衰减是行不通的。

**表 7.1　等体积球形、扁球形和方形的有效半径[19]**

| 颗粒形状 | $R_v$ | $R_h$ | $R_v/R_n$ | $R_h/R_n$ |
|---|---|---|---|---|
| 球形 | $R_n$ | $R_n$ | 1 | 1 |
| 扁球形 | $\dfrac{R_{0b}q}{\arccos h}$ | $\dfrac{R_{0b}q}{\arccos q}$ | 1.4576 （$h=0.1$） | 1.4576 （$h=0.1$） |
| 方形 | $2L/3$ | $0.656L$ | 1.0747 | 1.0575 |

注：$R_{0b}$ 是扁球体的长轴半径；$h=b/R_{0b}$，$b$ 是扁球体的短轴半径；$q=(1-h_2)^{1/2}$；$L=(4\pi R_n^3/3)^{1/3}$。

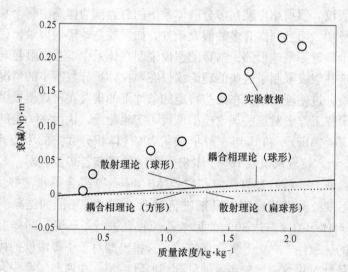

图 7.1　橄榄石气悬浮体的声衰减与质量浓度的关系曲线

Schaafsma 和 Hay[15] 对含有不规则形状沉积物的水生悬浮液在 $\kappa R > 1$ 时的声衰减进行了研究，他们采用了两个当量球形直径对散射理论进行了修正，这两个当量直径为与颗粒的投影面积相等的圆的半径以及等效球体积半径，二者根据经验确定，效果比较好。后来，Schaafsma 等人[16]又采用有限元和边界元法对不规则形状的沉积颗粒的声波衰减进行了研究，模拟结果与实测值比较吻合。实际上，Schaafsma 等人采用的方法均是当量直径模型，只能在 $\kappa R$ 较大的情况下使用，并没有推广到 $\kappa R \ll 1$ 的长波长区域，所以无法确定这种方法在长波长区域的有效性。Moss 等人[12,13]也曾报道过假设颗粒是光滑的、球形颗粒的理论模型在估计流动的粗颗粒橄榄砂时的声衰减预测值与实验测定值的不一致。这些资料都证明了理想条件下的理论模型在估计实际非均相体系的声衰减时的不足。

## 7.2 分形修正的提出

Wu 等人[14]对河床粗砂进行了研究，发现当 $Re > 1$ 而 $\kappa R < 1$ 时，颗粒的不规则形状和表面粗糙度对声衰减影响非常大；当 $60 < Re < 240$ 时，不规则性的粗砂颗粒的声衰减比球形颗粒大。后来钱祖文[20]建议采用声波雷诺数 $Re$ 作为分形标度对声衰减进行修正，研究结果表明，预测结果与 Wu 的实验结果一致。Mandelbrot[21,22]也曾说过，悬浮体系也许可以看作是分形系。超声波衰减预测颗粒粒径时，考虑颗粒不规则形状及其粗糙度，一个行之有效的方法可能是基于分形理论的研究方法。假设每一悬浮体系有其分形结构，那么它就有其独特的分形标度和分形维。如果该假设成立，则任何悬浮体系中颗粒的不规则和团聚的影响均可以用分形模型来描述。基于光滑的球形颗粒的声衰减理论预测值与实验测定值的不一致说明了也许就是由于球形颗粒与不规则颗粒的分形结构不同引起。钱祖文[20]采用声雷诺数作为不规则颗粒悬浮体系的分形标度去修正光滑球形颗粒的散射理论，也说明了采用分形理论预测声衰减的合理性。声雷诺数可以定义为[11]：

$$Re = \frac{R}{\delta_v} = R\sqrt{\frac{\rho_0 \omega}{2\mu_0}} \tag{7.1}$$

由声衰减区域图 5.1 可知，$Re$ 和 $\kappa R$ 是划分黏滞区、惯性区和散射区的两个基准，Wu 等人[14]的研究结果表明颗粒的不规则性对惯性区的声衰减影响非常大。在图 7.1 中，实验测定数据与理论预测的不一致也说明了颗粒的不规则对声衰减起到了很大作用。但是在 $Re$ 较低的情况下，声雷诺数是否仍然可以作为黏滞区以及黏滞区与惯性区间的过渡区的分形的标度是一个值得商榷的问题；另外，声雷诺数没有考虑固体颗粒的物理性质。而在水悬浮液中，超声波衰减对固体颗粒密度的变化最为敏感[23,24]。

Temkin 和 Dobbins[25]采用无因次量 $\omega \tau_v$ 将黏滞区和惯性区，以及二者的过渡区区分开来，$\tau_v$ 为黏滞弛豫时间，定义为：

$$\tau_{\mathrm{v}} = \frac{2R^2 \rho_{\mathrm{p}}}{9\mu_0} \tag{7.2}$$

从式（7.2）可知，黏滞弛豫时间 $\tau_{\mathrm{v}}$ 不仅与液相的性质有关，而且与颗粒的密度有关。类似于超声波衰减区域图5.1，以无因次量 $\omega\tau_{\mathrm{v}}$ 和 $\kappa R$ 来划分超声波衰减区间，重新绘出超声波衰减区域图。如图7.2所示为频率为1MHz的超声波在温度为20℃的铁矿石水悬浮液中通过时的半径－频率分布区域图（马钢凹山铁矿石密度3142kg/m³；矿浆温度（常温20℃），水的黏度为 $1.004 \times 10^{-3}$ Pa·s，密度为998.2kg/m³、声速1483 为 m/s）。

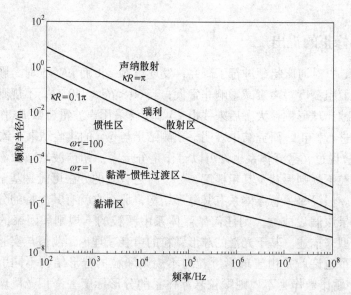

图7.2   超声波在铁－水悬浮液中的半径－频率双对数分布区域

当 $0 \leqslant \omega\tau_{\mathrm{v}} \leqslant 1$ 时为黏滞区，这个区域黏滞边界层厚度或热边界层厚度均大于颗粒粒径。在这个区域，颗粒的不规则对超声波的衰减不会产生影响，假设颗粒为光滑球形的理论模型的结果较为准确。

当 $1 \leqslant \omega\tau_{\mathrm{v}} \leqslant 100$ 时为黏滞区和惯性区间的过渡区。可能黏滞效应占主导，也可能会受惯性效应的影响。

当 $\omega\tau_{\mathrm{v}} \geqslant 100$ 时，属惯性区。在惯性区，黏滞边界层或热边界层厚度小于颗粒粒径，颗粒表面的薄边界层受惯性效应影响，颗粒表面的形状和粗糙度对超声波的衰减产生很大的影响。随 $\omega\tau_{\mathrm{v}}$ 增大，颗粒不规则表面的影响越来越大。由于颗粒表面的不规则性和细颗粒的絮凝的存在，我们不能再假设颗粒为光滑的圆球。

当 $0.1\pi \leqslant \kappa R \leqslant \pi$ 时，属瑞利散射（rayleigh scattering）区，而 $\kappa R > \pi$ 属声呐散射区。这两个区域都是针对粗颗粒而言的，属于短波长散射范围。

惯性区以及黏滞区和惯性区间的过渡区属于长波长范围，由于这些区域内 $\omega\tau_v$ 被人称为自相似尺寸（self-similar scale），所以可以采用 $\omega\tau_v$ 代替声雷诺数 $Re$ 作为分形标度[26]。假设 $D$ 和 $D_0$ 是分别为含有絮凝体或粗糙非球形颗粒的实际悬浮液体系和含有光滑球形且无絮凝体颗粒的理想悬浮液体系的分形维，则在具有同样的粒径分布的悬浮液体系中，含有絮凝体或粗糙非球形颗粒的悬浮液体系中的超声波衰减 $\alpha$ 与在含有光滑球形且无絮凝体颗粒的理想悬浮液体系中的超声波衰减 $\alpha_0$ 间的关系定义为：

$$\alpha = \alpha_0(\omega\tau_v)^{d_f}, \quad \omega\tau_v \geqslant 1 \tag{7.3}$$

其中，$d_f = D - D_0$，$d_f$ 定义为分形维间偏离指数，表示含有絮凝体或粗糙非球形颗粒的悬浮液体系的分形维和含有光滑球形且无絮凝体颗粒的理想悬浮液体系的分形维间的偏离程度。

式（7.3）仅仅在长波长条件下有效，而在散射区域，即 $\kappa R > 0.1\pi$，可以采用 $\kappa R$ 代替 $\omega\tau_v$ 作为分形的标度。对于某特定体系，$D - D_0$ 的值是未知数，然而它能通过式（7.3）拟合实验数据来进行估计。如果 $D - D_0 = 0$，那么 $\alpha - \alpha_0 = 0$，我们可以把悬浮体系处理成没有絮凝体的光滑球形颗粒的体系；如果 $D - D_0 \neq 0$，那么 $\alpha - \alpha_0 \neq 0$，颗粒就不能简单得看成是光滑球形的颗粒，而且随 $\omega\tau_v$ 的增大，假设颗粒为光滑球形的悬浮体系的超声波衰减预测值与实验测定的数据偏离得也越大。这也意味着颗粒的不规则性在惯性区比在黏滞区影响要大。

下面对 $d_f = D - D_0$ 的含义进行以下说明：

（1）若悬浮液体系中固体颗粒和液体的性质及其粒度分布一定，则含有光滑球形、分散良好且无絮凝体颗粒的理想悬浮液体系的分形维 $D_0$ 就是一个确定的值。

（2）$d_f = D - D_0$ 的值可正可负，其值说明了颗粒不规则性和絮凝对分形维的影响程度，$D - D_0$ 的绝对值越大说明颗粒的不规则性或絮凝的影响程度越大，说明偏离理想条件下的悬浮液体系程度越大。

（3）随着悬浮液体系中细颗粒絮凝程度的增大，从宏观的角度看，颗粒占用的空间变小，从而使得含有絮凝体悬浮液体系的分形维 $D$ 变小，最终导致分形维间偏离指数 $d_f$ 为负值；而且絮凝程度越大，$d_f$ 的值越负。

（4）在悬浮液体系中如果没有絮凝现象存在，但颗粒是不规则的且表面粗糙，这样的颗粒悬浮液体系和含有光滑圆球颗粒且无絮凝体存在的悬浮液体系相比较，含有粗糙不规则表面颗粒的悬浮液体系的分形维 $D$ 大于含有光滑圆球颗粒且无絮凝体存在的悬浮液体系的分形维 $D_0$，这时的分形维间偏离指数为正，而且颗粒表面越不规则越粗糙，$d_f = D - D_0$ 的值越大。

## 7.3 混合粒径下超声波粒度检测理论模型的分形修正

### 7.3.1 混合粒级下的超声波粒度检测理论模型的分形修正

在选矿生产中磨矿产品的矿浆固体质量分数通常都比较高（通常在30% ~ 40%），颗粒并不是理想的圆球体，颗粒粒径分布范围一般为10 ~ 300μm。根据超声波区域分布图 7.2 可知，超声波通过矿浆体系后，黏滞效应、惯性以及散射均在不同程度影响了超声波的衰减。在这种情况下，对混合粒径下的矿浆体系的超声波衰减进行了推导，得到了混合粒径下的超声波衰减式（5.13）。现在将该式用分形进行修正，假设：

$$\alpha_0 = \frac{M}{2\rho_p} \sum_i G_i \left[ \frac{1}{3} k^4 R_i^3 + k \left( \frac{\rho_p}{\rho_0} - 1 \right)^2 \frac{S_i}{S_i^2 + \left( \frac{\rho_p}{\rho_0} + \tau_i \right)^2} \right]$$

则

$$\alpha = \begin{cases} \alpha_0 (\omega \tau_v)^{d_f}, & \omega \tau_v \geqslant 1 \text{ 且 } \kappa R_i < 0.1\pi \\ \alpha_0 (\kappa R_i)^{d_f}, & \kappa R_i \geqslant 0.1\pi \end{cases} \tag{7.4}$$

式中，$d_f = D - D_0$，为分形维间偏离指数。

### 7.3.2 基于分形修正的超声波粒度检测非线性模型分形维间偏离指数的反演计算

基于分形修正的超声波粒度检测非线性模型式（7.4）的分形维间偏离指数，对每一特定的矿浆体系，是一个未知数。然而，它可以通过使用式（7.4）模拟计算去拟合实验数据而获得。如果 $d_f = D - D_0 = 0$，即 $\alpha = \alpha_0$，可以认为矿浆体系中的颗粒形状和颗粒表面粗糙度的影响不大，可以忽略不计；如果 $d_f = D - D_0 \neq 0$，即 $\alpha \neq \alpha_0$，这时颗粒的形状和表面粗糙度以及细颗粒的絮凝就必须考虑。

反演计算是针对特定的已知粒度分布的矿浆体系进行。根据式（7.4），若粒度分布已知，矿浆体系一定（即物理性质参数一定如，马钢凹山铁矿石密度 3142kg/m³；矿浆温度（常温20℃），水的黏度为 $1.004 \times 10^{-3}$ Pa·s，密度为 998.2kg/m³，声速为1483m/s），要获得其分形维间偏离指数，这是一个反问题。所以必须设计解反问题的解的适应度函数。对于特定矿浆体系，不同浓度下的波衰减值可以测定。这样，该适应度函数为：

$$\min f(d_f) = \text{sum}(\alpha_j - \alpha_j')^2 \tag{7.5}$$

式中　$\alpha_j$——不同浓度下根据式（7.4）模拟计算的衰减值；

　　　$\alpha_j'$——实验室测定值。

该式的含义为：模拟计算值与实测值的误差平方和达到最小时的分形维间偏离指数即为该体系的分形维间偏离指数。

### 7.3.3 单级别物料的实验及结果分析

#### 7.3.3.1 单级别物料的 SEM 分析

在实验室预先筛分出了 5 个窄级别的矿样：0.0385 ~ 0.0308mm、0.076 ~ 0.054mm、0.1 ~ 0.076mm、0.154 ~ 0.1mm、0.180 ~ 0.154mm，图 7.3 所示为这 5 个窄级别物料的显微照片。从图 7.3 可以看出：

（1）由于各单级别物料为湿筛得到的物料，颗粒与颗粒间分散得非常好，故没有泥化的颗粒存在。

（2）不管是细颗粒还是粗颗粒，不同颗粒形状各异，十分不规则，表面也是凹凸不平，非常粗糙。

(a)

(b)

图 7.3  单级别物料的 SEM 照片

(a) 0.0385~0.0308mm；(b) 0.076~0.054mm；(c) 0.1~0.076mm；

(d) 0.154~0.1mm；(e) 0.180~0.154mm

### 7.3.3.2　单级别物料的超声波衰减分析

各单粒级物料的平均密度测试结果见表 7.2，超声波衰减实测数据见表 7.3。在进行模拟计算时采用每个级别的上下限的算术平均值作为颗粒的直径代入式（5.11）和式（7.4）。由于是单级别的矿样，所以两个模拟计算公式的粒级质量分数均为 100%；高频和低频发射和接收探头间的距离分别为 0.030m 和 0.035m。图 7.4 所示为这几个级别矿样的模拟计算结果与实测值的比较。各粒级的分形维间偏离指数见表 7.2，表中 $d_{f1}$ 和 $d_{f2}$ 分别表示低频和高频的分形维间偏离指数。

**表 7.2　单粒级颗粒系的平均密度和分形维间偏离指数 $d_f$**

| 粒级/mm | | 0.0385 ~ 0.0308 | 0.076 ~ 0.054 | 0.1 ~ 0.076 | 0.154 ~ 0.1 | 0.180 ~ 0.154 |
|---|---|---|---|---|---|---|
| 平均密度/kg · m⁻³ | | 4620 | 3840 | 3220 | 2930 | 2580 |
| $d_{f1}$ | | − 0.2902 | − 0.1708 | − 0.1365 | − 0.1015 | − 0.0662 |
| $d_{f2}$ | | − 0.2902 | − 0.1708 | − 0.0284 | − 0.0233 | − 0.0034 |
| 拟合精度 | 1.0MHz | 0.0070 | 0.0072 | 0.0054 | 0.0041 | 0.0076 |
| | 2.5MHz | 0.0148 | 0.0150 | 0.0162 | 0.0203 | 0.0174 |

**表 7.3　单粒级矿样超声波衰减实测数据**

| 粒级/mm | 衰减 | 衰减/Np | | | | | | | | |
|---|---|---|---|---|---|---|---|---|---|---|
| | | 0.05 | 0.10 | 0.15 | 0.20 | 0.25 | 0.30 | 0.35 | 0.45 | 0.50 |
| 0.0308 ~ 0.0385 | $\alpha_1$ | 0.051 | 0.164 | 0.223 | 0.308 | 0.430 | 0.578 | 0.624 | 0.783 | 0.872 |
| | $\alpha_2$ | 0.061 | 0.243 | 0.356 | 0.514 | 0.671 | 0.812 | 1.008 | 1.160 | 1.317 |
| 0.054 ~ 0.076 | $\alpha_1$ | 0.048 | 0.099 | 0.155 | 0.214 | 0.280 | 0.350 | 0.428 | 0.513 | 0.607 |
| | $\alpha_2$ | 0.121 | 0.238 | 0.329 | 0.538 | 0.647 | 0.803 | 1.056 | 1.218 | 1.327 |
| 0.076 ~ 0.100 | $\alpha_1$ | 0.046 | 0.086 | 0.156 | 0.210 | 0.230 | 0.321 | 0.382 | 0.471 | 0.559 |
| | $\alpha_2$ | 0.218 | 0.481 | 0.607 | 0.846 | 1.232 | 1.421 | 1.598 | 1.922 | 2.240 |
| 0.100 ~ 0.150 | $\alpha_1$ | 0.041 | 0.081 | 0.137 | 0.182 | 0.220 | 0.296 | 0.337 | 0.441 | 0.501 |
| | $\alpha_2$ | 0.204 | 0.425 | 0.673 | 0.757 | 0.832 | 0.945 | 1.173 | 1.281 | 1.473 |
| 0.0154 ~ 0.180 | $\alpha_1$ | 0.045 | 0.092 | 0.138 | 0.187 | 0.226 | 0.284 | 0.346 | 0.452 | 0.521 |
| | $\alpha_2$ | 0.116 | 0.240 | 0.352 | 0.494 | 0.681 | 0.839 | 1.128 | 1.232 | 1.409 |

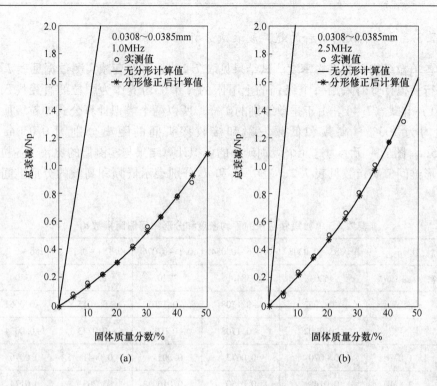

(a)　　　　　　　　　　　　　　(b)

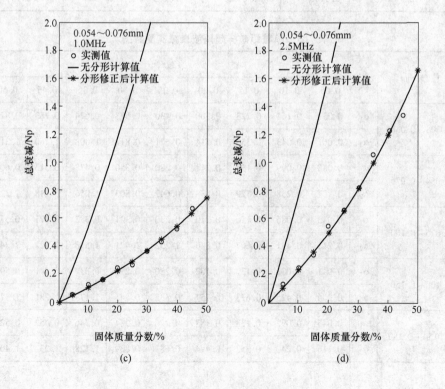

(c)　　　　　　　　　　　　　　(d)

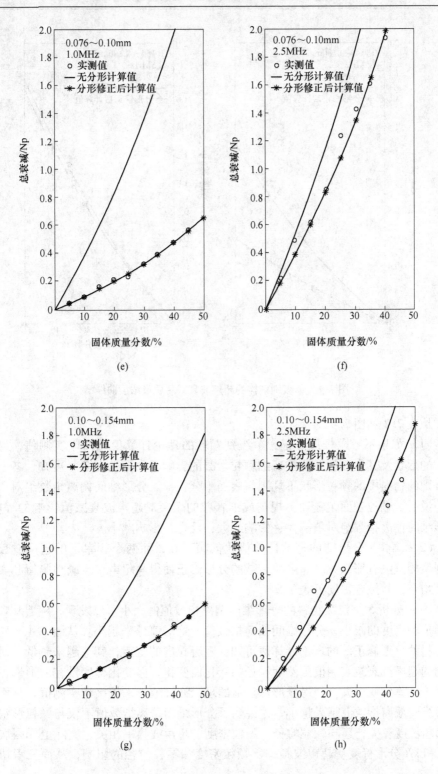

(e)

(f)

(g)

(h)

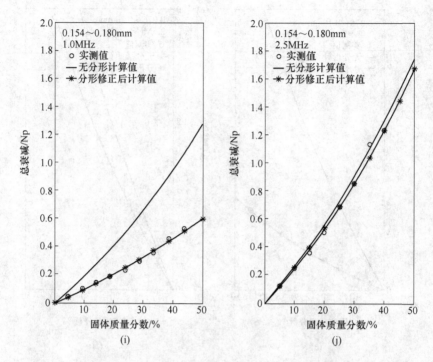

图 7.4　单级别矿样的超声波衰减 – 质量浓度曲线

从表 7.2 和图 7.4 知：

（1）如果不考虑分形修正，单级别颗粒的理论计算值均高于实测值，说明颗粒的形状及其表面粗糙度或者细颗粒絮凝的影响很大。从图 7.3 可知，各个不同级别的物料中的颗粒形状不规则，表面十分粗糙。分形维间偏离指数绝对值的大小说明了颗粒表面粗糙和不规则或细颗粒的絮凝对超声波衰减值影响的程度，分形维间偏离指数绝对值越大，影响越大；反之，影响越小。

（2）高频下分形前的理论计算值比低频下高，而两个频率下的超声波衰减实测值相差没有那么大，超声波衰减的分形修正使得其超声波衰减预测值和实测值相吻合，其拟合精度见表 7.2。

（3）分析 5 个粒级物料的分形维间偏离指数值的大小可以发现，随着颗粒粒径和平均密度的减小，分形维间偏离指数值的绝对值越来越小。从图 7.4 不同级别物料的分形修正前的理论计算值可知，随着粒度的变粗，其值越来越低；而各级别的超声波衰减实测值虽然随粒径的变化而变化，但变化程度没有分形修正前的理论计算值变化大，使得分形修正前的理论计算值越来越接近实测值，从而使分形维间偏离指数值越来越小，这说明了分形维间偏离指数值不仅与颗粒形状和表面粗糙度有关，还与颗粒粒径、颗粒密度、超声波频率相关，实际上无因次量 $\omega\tau_v$ 和 $\kappa R$ 分形标度受超声波频率、颗粒密度和颗粒粒径的影响，从而三者协同作用影响了分形维间偏离指数值的变化。

(4) 从这 5 个单级别物料的平均粒径可以知道，颗粒越细越容易发生凝聚，最细粒级（0.0385mm ~ 0.0308）最容易发生凝聚，而使得整个矿浆体系中颗粒占用的空间越小，其分形维 $D$ 越小，而 $D_0$ 对于一定的光滑球形且无絮凝体颗粒的悬浮液体系是一个定值，故 $D - D_0$ 的值越负，从而使得分形维间偏离指数的绝对值增大。而随着粒径的变粗，发生絮凝的程度变小，这时候颗粒不规则和表面粗糙也起到了作用，絮凝和不规则表面共同作用影响了分形维间偏离指数的大小。

(5) 分形维间偏离指数均为负值，即 $D < D_0$。对于微细粒级物料，当发生团聚时，一方面由于团聚颗粒直径变大，从图 5.3 可知对于微细粒颗粒随着粒径的增大衰减值反而变小；另一方面团聚颗粒表面变得更加粗糙、更加不规则，也会使造成大量的散射衰减。对于粗粒级主要是由于颗粒形状及其表面粗糙度造成散射，对超声波衰减起到了主要作用。因此总的来说不管是微细粒级还是粗级别的物料都会使得实测衰减值小于理论计算值；但是对于粗粒径颗粒主要是由于颗粒不规则和表面粗糙引起的，其衰减程度没有絮凝颗粒引起的衰减大，因而其分形维间偏离指数 $d_f$ 的绝对值比细颗粒的 $d_f$ 绝对值小。

(6) 对于细级别的物料，在 1.0MHz 和 2.5MHz 下，分形维间偏离指数 $d_f$ 的值相同，但对于粗级别的物料二者的分形维间偏离指数就不同了，高频下的分形维间偏离指数小于低频下的分形维间偏离指数。这可以从图 5.5 得到解释：在粒度较细时，随粒径的增大，高频和低频的衰减变化的程度和趋势基本相同，因此，高频和低频下细粒级的分形维间偏离指数值相同；而随着颗粒粒径的增大，高频和低频的衰减变化程度出现了很大的差别，从而造成分形维间偏离指数值在两种频率下具有不同的值。在这一点上，实际上对分布粒径下的超声波衰减产生了很大的影响，以致在混合分布粒级下超声波衰减在高频和低频下的分形维间偏离指数值不相同。

### 7.3.4 混合粒径物料的实验及结果分析

#### 7.3.4.1 马钢凹山铁矿石性质及其磨矿矿样的 SEM 分析

A 马钢凹山铁矿石性质

马钢凹山铁矿属于中低温热液矿床，产于闪长斑岩内，由囊状矿体和周围的浸染状矿带及若干矿脉组成。矿石中的金属矿物主要为磁铁矿、赤铁矿和假象赤铁矿，另有部分褐铁矿及少量黄铁矿；金属钒以类质同象赋存于铁矿物中，可在冶炼时提取。脉石矿物主要为阳起石、绿泥石，其次是石英、长石、磷灰石、透闪石、高岭土及黏土等。原矿全铁含量 34.31%，磁性铁占全铁含量的 68.43%。矿石中铁矿物嵌布粒度为 1.6 ~ 0.08mm。矿床地表矿石风化严重，部分呈松散状，含泥较多，小于 0.074mm 粒级含量达 16.15%。矿石含硫、磷有害杂质。矿石密度 3142kg/m³，松散系数 1.4。

B　磨矿矿样 SEM 分析

对马钢凹山铁矿原矿进行了不同磨矿时间的磨矿，得到不同粒度分布的磨矿矿样，表 7.4 列出了各磨矿矿样的不同粒级的矿砂含量，各磨矿矿样的扫描电镜显微照片如图 7.5 所示。从表 7.4 和图 7.5 可知，各矿样具有不同的粒度分布，其中 1 号样最细，2 号样次细，依次变粗，8 号样最粗；各矿样中的颗粒都是不规则的，形状各异、表面粗糙、凹凸不平，另外还可以发现，颗粒系中细颗粒黏附在一起，形成了絮团，尤其是细颗粒系（如 1 号样、2 号样和 3 号样）中的颗粒絮凝更为严重。

(a)

(b)

(c)

(d)

(e)

图 7.5　马钢凹山铁矿不同磨矿矿样的 SEM 照片
(a) 马钢凹山铁矿 1 号样；(b) 马钢凹山铁矿 2 号样；(c) 马钢凹山铁矿 3 号样；
(d) 马钢凹山铁矿 4 号样；(e) 马钢凹山铁矿 5 号样；(f) 马钢凹山铁矿 6 号样；
(g) 马钢凹山铁矿 7 号样；(h) 马钢凹山铁矿 8 号样

### 7.3.4.2　混合粒径下的超声波衰减分析

将马钢凹山铁矿山各磨矿矿样配成不同浓度的矿浆体系进行超声波衰减测定，各矿样的超声波衰减实测数据见表 7.4。对式（5.12）和式（7.4）进行模拟计算，并且把二者模拟结果与实验数据进行对比。马钢凹山铁矿石矿样的分形维间偏离指数 $d_f$ 见表 7.5。模拟结果和实验结果如图 7.6 所示。从表 7.5 和图 7.6 可以得出以下结论：

（1）不管是高频和低频超声波衰减的理论计算值和实测值都随矿浆浓度的增大而增大；且高频下的超声波衰减理论计算值远远大于低频下超声波衰减理论计算值，而高频和低频下的实测超声波衰减值相差并没有那么大。

（2）不同粒度分布的矿样的按式（5.12）计算，与实测数据相差较大。而采用分形修正后的式（7.4）进行模拟计算的结果基本与实测值吻合，说明颗粒的形状及其表面粗糙度的影响很大，分形修正计算值与实测值的拟合精度见表 7.6。

（3）分形维间偏离指数 $d_f$ 均为负。从理论上来说，分形维间偏离指数值可以为正，也可以为负。当 $d_f > 0$ 时，即 $D > D_0$，理论衰减值应小于实测的衰减值，分析式（7.4）和图 7.2 知，只有当处于惯性区，即当 $\omega \tau_v \geqslant 100$ 且 $\kappa R \leqslant 0.1\pi$ 时，分形维间偏离指数 $d_f$ 的值才有可能为正，这时主要是由于颗粒不规则、表面粗糙引起的，且基本不存在絮凝现象；而在黏滞区和惯性区间的过渡区、散射区，颗粒粒径较细，很容易絮凝在一起，使得颗粒系所占用的空间变小，从而使存在细颗粒絮凝的矿浆体系的分形维 $D$ 的值变小，即 $D - D_0 < 0$，最终导致分形维间偏离指数 $d_f$ 的值为负。

当 $d_f < 0$ 时，即 $D < D_0$，对于微细级别的颗粒发生团聚或者絮凝时使得团聚体或絮凝体直径增大，而从图 5.3 可知，对于微细粒随着颗粒直径的增大衰减值反而变小，同时由于团聚体或絮凝体表面粗糙、不规则引起更多的散射而使超声波衰减实测值远小于理论计算值。对于粗级别的颗粒来说主要是由于颗粒的形状以及颗粒表面的不光滑所引起的。颗粒表面不光滑或者非球形会引起超声波的发生散射，也就是说使得超声波在传播过程中发生多次散射[27]，以致超声波接收器可能无法接收到这一部分散射的波，而导致衰减，从而使得实测值小于分形修正前的理论计算值，但其衰减程度没有絮凝引起的衰减程度大，因而粗粒级的 $(D - D_0)$ 的绝对值比细粒级的 $(D - D_0)$ 的绝对值要小。

（4）对于 1 号~8 号样，从颗粒的粒度分布总体上来说，1 号样最细，2 号样次之，8 号样最粗。对这 8 个样分形修正前模拟计算值的分析发现，随着颗粒粒度的变粗，超声波衰减值越来越小，无论是高频还是低频，分形维间偏离指数的绝对值从总体趋势来看也是越来越小，这说明分形维间偏离指数值的大小实际上受颗粒的粒度分布的影响。

**表 7.4　马钢凹山铁矿不同磨矿矿样超声波衰减实测数据**　　（Np）

| 质量浓度 | | 0.05 | 0.10 | 0.15 | 0.20 | 0.25 | 0.30 | 0.35 | 0.45 | 0.50 |
|---|---|---|---|---|---|---|---|---|---|---|
| 1 号样 | $\alpha_1$ | 0.031 | 0.064 | 0.215 | 0.399 | 0.437 | 0.502 | 0.625 | 0.734 | 0.843 |
| | $\alpha_2$ | 0.089 | 0.295 | 0.502 | 0.578 | 0.590 | 0.635 | 0.773 | 0.805 | 0.959 |
| 2 号样 | $\alpha_1$ | 0.017 | 0.043 | 0.177 | 0.308 | 0.418 | 0.435 | 0.463 | 0.500 | 0.632 |
| | $\alpha_2$ | 0.076 | 0.220 | 0.472 | 0.569 | 0.582 | 0.632 | 0.662 | 0.734 | 1.077 |
| 3 号样 | $\alpha_1$ | 0.043 | 0.070 | 0.185 | 0.214 | 0.253 | 0.378 | 0.413 | 0.596 | 0.707 |
| | $\alpha_2$ | 0.134 | 0.245 | 0.400 | 0.512 | 0.585 | 0.693 | 0.946 | 1.035 | 1.321 |
| 4 号样 | $\alpha_1$ | 0.058 | 0.088 | 0.175 | 0.201 | 0.233 | 0.264 | 0.334 | 0.404 | 0.653 |
| | $\alpha_2$ | 0.062 | 0.116 | 0.209 | 0.364 | 0.438 | 0.537 | 0.673 | 0.742 | 0.952 |
| 5 号样 | $\alpha_1$ | 0.068 | 0.122 | 0.175 | 0.185 | 0.211 | 0.237 | 0.335 | 0.428 | 0.521 |
| | $\alpha_2$ | 0.186 | 0.301 | 0.444 | 0.537 | 0.620 | 0.710 | 0.782 | 0.854 | 0.902 |
| 6 号样 | $\alpha_1$ | 0.096 | 0.243 | 0.332 | 0.448 | 0.524 | 0.650 | 0.752 | 0.864 | 0.946 |
| | $\alpha_2$ | 0.112 | 0.322 | 0.432 | 0.574 | 0.678 | 0.796 | 0.922 | 1.034 | 1.123 |
| 7 号样 | $\alpha_1$ | 0.110 | 0.206 | 0.305 | 0.492 | 0.598 | 0.703 | 0.851 | 0.934 | 1.098 |
| | $\alpha_2$ | 0.116 | 0.256 | 0.429 | 0.548 | 0.684 | 0.790 | 0.852 | 0.964 | 1.246 |
| 8 号样 | $\alpha_1$ | 0.105 | 0.188 | 0.232 | 0.275 | 0.372 | 0.469 | 0.656 | 0.842 | 1.088 |
| | $\alpha_2$ | 0.128 | 0.275 | 0.464 | 0.562 | 0.629 | 0.685 | 0.737 | 0.891 | 1.202 |

**表 7.5　马钢凹山铁矿石矿样的粒度分布及其分形维间偏离指数**

| 矿样序号 | 不同粒径（mm）的矿砂含量（质量分数）/% | | | | | 分布参数 | | 分形维间偏离指数 $d_f$ | |
|---|---|---|---|---|---|---|---|---|---|
| | < 0.038 | 0.076 ~ 0.038 | 0.1 ~ 0.076 | 0.154 ~ 0.1 | > 0.154 | $m$ | $X$ | 1.0MHz | 2.5MHz |
| 1 | 81.2 | 17.6 | 0.6 | 0.1 | 0.5 | 1.7451 | 28.5931 | − 0.2589 | − 0.2589 |
| 2 | 76.5 | 21.9 | 1.0 | 0.1 | 0.5 | 1.6392 | 30.5964 | − 0.2698 | − 0.2698 |
| 3 | 64.2 | 27.5 | 2.7 | 5.5 | 0.03 | 1.2235 | 38.1902 | − 0.2545 | − 0.2195 |
| 4 | 55.7 | 27.4 | 5.5 | 8.5 | 2.9 | 1.0627 | 47.9701 | − 0.2646 | − 0.2451 |
| 5 | 52.1 | 28.8 | 6.4 | 9.2 | 3.5 | 1.1255 | 51.3452 | − 0.2712 | − 0.2213 |
| 6 | 44.5 | 25.9 | 6.7 | 12.4 | 10.5 | 1.0000 | 67.0886 | − 0.1615 | − 0.1878 |
| 7 | 38.9 | 13.8 | 4.9 | 9.5 | 32.8 | 0.5020 | 251.4742 | − 0.1151 | − 0.1787 |
| 8 | 24.1 | 12.2 | 3.5 | 8.1 | 52.1 | 0.8078 | 263.9751 | − 0.1075 | − 0.1345 |

**表 7.6　1.0MHz 和 2.5MHz 下分形修正计算值与实测值的拟合精度**

| 频率 | 1 | 2 | 3 | 4 | 5 | 6 | 7 | 8 |
|---|---|---|---|---|---|---|---|---|
| 1.0MHz | 0.0097 | 0.0116 | 0.0079 | 0.0082 | 0.0076 | 0.0120 | 0.0952 | 0.0084 |
| 2.5MHz | 0.0331 | 0.0357 | 0.0072 | 0.0079 | 0.0420 | 0.0327 | 0.0286 | 0.0362 |

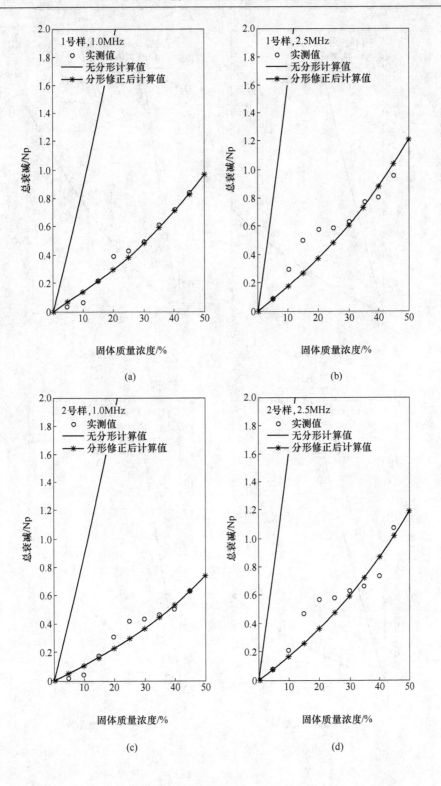

(a)

(b)

(c)

(d)

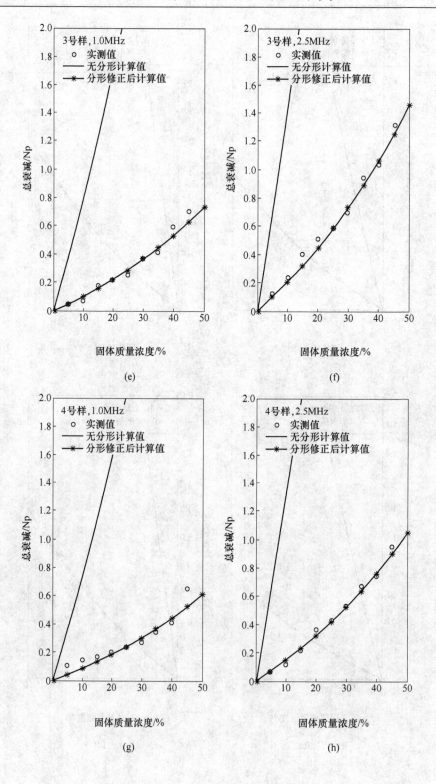

(e)

(f)

(g)

(h)

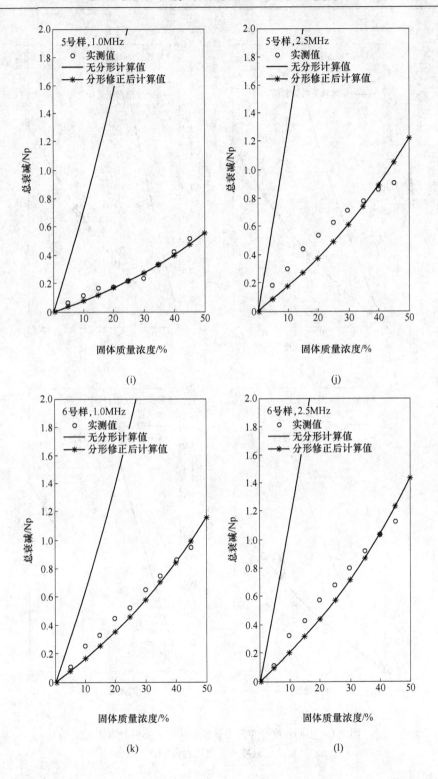

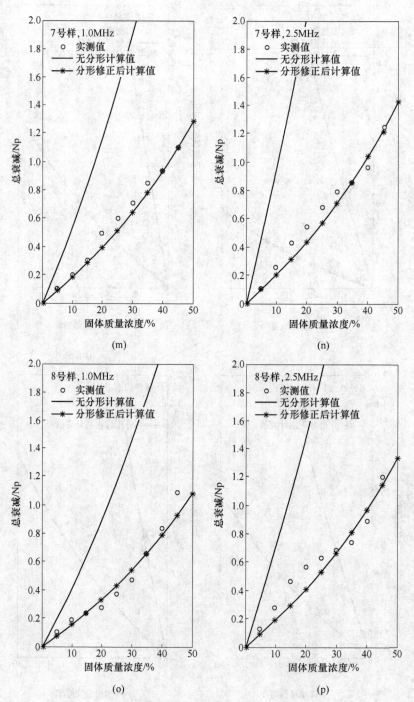

(m)　　　　　　　　　　　　　(n)

(o)　　　　　　　　　　　　　(p)

图 7.6　不同粒度分布凹山铁矿石矿样，不同频率下的
超声波衰减 – 质量浓度曲线图

（5）对于 1 号样和 2 号样，两个不同频率下的分形维间偏离指数值相同，从这两个样粒度分布可以发现这两个样粒度分布较集中，基本集中在 <0.076mm 以下，类似于前面所讨论的单级别物料（0.0385～0.0308mm、0.076～0.054mm），细粒级的高频和低频的分形维间偏离指数值相同。而随着粒度的变粗，高频和低频的分形维间偏离指数值就有差异，而且颗粒系平均粒度越大，分形维间偏离指数值的差异越大。根据理论计算图 5.3，由于实际矿样的颗粒粒径分布较宽，故粒度不同的颗粒对超声波产生的衰减不同；对于同一粒径的颗粒，高频和低频衰减不同；同时分形标度 $\omega\tau_v$（或 $\kappa R$）与超声波的频率也有关系；这些可能都是导致相同分布粒径下不同频率的超声波衰减的分形维间偏离指数产生差异的原因。

## 7.4 本章小结

本章分析了前人的研究，结合理论反演计算和实测，发现在水悬浮液体系中固体颗粒的不规则形状、表面粗糙度以及细颗粒的絮凝对超声波衰减的影响很大。基于超声波衰减技术预测颗粒粒径时，应考虑颗粒不规则形状、粗糙度以及细颗粒的絮凝。因此提出采用非线性理论——分形理论对混合粒径下超声波粒度检测理论模型进行修正。

任何悬浮液体系都有其分形结构，有其独特的分形标度和分形维，悬浮体系中颗粒的不规则和凝聚的影响均可以用分形模型来描述。基于光滑的球形颗粒的声衰减理论预测值与实验测定值的不一致说明了就是由于球形颗粒与不规则颗粒的分形结构不同引起。本章提出采用 $\omega\tau_v$ 作为长波长区域的悬浮液体系的分形标度；而在散射区域采用 $\kappa R$ 作为该区域的分形标度。假设 $D$ 和 $D_0$ 是分别为含有絮凝体或粗糙非球形颗粒的悬浮液体系和含有光滑球形且无絮凝体颗粒的理想悬浮液体系的分形维，定义了一个分形维间偏离指数用来表示含有絮凝体或粗糙非球形颗粒的悬浮液体系的分形维和含有光滑球形且无絮凝体颗粒的理想悬浮液体系的分形维间的偏离程度，分形维间偏离指数的绝对值越大说明悬浮液体系中絮凝体或颗粒不规则和表面粗糙度影响越大，表明了实际的悬浮液体系偏离理想悬浮液体系的偏离程度。

对单级别物料和混合粒径下的物料的电镜照片进行了分析，说明颗粒系中存在细颗粒的絮凝或者颗粒不规则、表面粗糙，或者二者兼而有之；并应用混沌遗传优化方法对其分形维间偏离指数进行了反演计算，根据反演得到的分形维间偏离指数对超声波衰减进行了模拟计算。实测数据和模拟计算结果表明，在具有不同粒径的水悬浮液体系中，基于分形修正的超声波粒度检测非线性模型超声波衰减模拟计算值与实测数据相当吻合。说明了基于分形修正的超声波粒度检测非线性模型的有效性。

# 参 考 文 献

[1] Austin J C, Holmes A K, Tebbutt J S, et al. Ultrasonic wave propagation in colloidal suspension and emulsions: recent experimental results [J]. Ultrasonics, 1996, 34 (2~5): 369~374.

[2] Harker A H, Temple J A G. Velocity and attenuation of acoustic waves in suspensions of particles in fluid [J]. The Journal of Physic D: Applied Physics, 1988, 21: 1576~1588.

[3] McClements D J. Comparison of multiple scattering theories with experimental measurements in e-mulsions [J]. The Journal of Acoustical Society of America, 1992, 91 (2): 849~854.

[4] McClements D J. Ultrasonic characterization of emulsions and suspensions [J]. The Journal of Acoustical society of America, 1991, 37: 33~72.

[5] McClements D J. Ultrasonic determination of depletion flocculation in oil-in-water emulsions containing a non-ionic surfactant [J]. Colloids and Surfaces, 1994, 90: 25~35.

[6] Riebel U. The fundamentals of particle size analysis by means of ultrasonic spectrometry [J]. Particle and Particle Systems Characterisation, 1989, 6: 135~143.

[7] Riebel U, Kräuter U. Ultrasonic extinction and velocity in dense suspension [C]. Workshop on Ultrasonic & Dielectric Characterization Techniques for Suspension Particulates, 1997, 4~6.

[8] Allegra J R, Hawley S A. Attenuation of sound in suspensions and emulsions: theory and experiments [J]. The Journal of Acoustical Society of America, 1972, 51 (5): 1545~1560.

[9] Holmes A K, Challis R E, Wedlock D J A. A wide bandwith study of ultrasound velocity and attenuation in suspensions: Comparison of theory with experimental measurements [J]. Journal of Colloid and Science, 1998, 156 (2): 261~268.

[10] Holmes A K, Challis R E, Wedlock D J. A wide-bandwidth ultrasound velocity and attenuation in suspensions: The variation of velocity and attenuation with particle size [J]. Journal of Colloid and Interface Science, 1994, 168: 339~348.

[11] Harri K Kytömaa. Theory of sound propagation in suspensions: a guide to particle size and concentration characterization [J]. Powder Technology, 1995, 82 (1): 115~121.

[12] Moss S M O. Acoustic measurements of flowing and quai-static particulate suspension [D]. The Open University, UK, 1997.

[13] Moss S M O, Attenborough K, Woodhead S R. Measured dependence of the attenuation of audio-frequency sound on concentration in flowing particulate suspensions [C] //Proceedings of Institution of Mechanical Engineers, Part E, 1999, 213 (1): 45~56.

[14] Wu D, Qian Z W, Shao D. Sound attenuation in a coarse granular medium [J]. Journal of Sound and Vibration, 1993, 162: 529~535.

[15] Schaafsma A S, Hay A E. Attenuation in suspensions of irregularly shaped sediment particles: A two-parameter equivalent spherical scattering model [J]. Journal of Acoustical Society of America, 1997, 102 (3): 1485~1502.

[16] Schaafsma A S, Lafort A M, Mazoyer T, et al. Characterization of suspended sediment by acoustic techniques. Part I: theoretical and experimental validation of attenuation spectroscopy [J]. Acoustics, 1998, 84: 245~255.

[17] Moss S M O, Attenborough K. Measurements of the narrow-band decay rates of a gas/particle suspension confined in a cylindrical tube: relationship to particle concentration [J]. Journal of Acoustical Society of America, 1996, 100: 1992~2001.

[18] Evans J M. Models for sound propagation in suspensions and emulsions [D]. Milton Keynes, UK: The Ph D Thesis of the Open University, 1996.

[19] Clift R, Grace J R, Weber M E. Bubbles, drops and particles [M]. New York: Academic Press, 1978.

[20] Qian Z W. Fractal dimensions of sediments in nature [J]. Physical Review E, 1996, 53: 2304~2306.

[21] Mandelbrot B B. Fractal Geometry of Nature [M]. San Francisco: WH Freeman and Company, 1982.

[22] Mandelbrot B B. Fractals: Form, Chance and dimension [M]. San Francisco: WH Freeman and Company, 1977.

[23] Frank Babick, Frank Hinze, Siegfried Ripperger. Dependence of ultrasonic attenuation on the material properties [J]. Colloids and Surfaces, 2000, 172: 33~46.

[24] 苏明旭, 蔡小舒. 超细颗粒悬浊液中声衰减和声速的数值分析研究 [J]. 声学学报, 2002, 27 (3): 218~222.

[25] Temkin S, Dobbins R A. Attenuation and dispersion of sound by particle-relaxation processes [J]. Journal of Acoustical Society of America, 1966, 40: 317~324.

[26] Wang Q, Attenborough K, Woodhead S. Particle irregularity and aggregation effects in airborne suspensions at audio-and low ultrasonic frequencies [J]. Journal of Sound and Vibration, 2000, 236 (5): 781~800.

[27] 莫尔斯 P M, 英格特 K U. 理论声学 (上册) [M]. 吕如榆, 杨训仁, 译. 北京: 科学出版社, 1984.

# 8 基于分形修正的超声波粒度检测模型粒度分布参数非线性反演

从前面讨论的粒度分布参数和分形维间偏离指数的反演结果来看，反演的结果与实测值相当吻合。现在要将粒度分布参数和分形维间偏离指数参数联合起来，根据实测的超声波衰减值和模拟计算值来反演计算矿浆的颗粒粒度分布。

## 8.1 矿浆浓度已知的条件下粒度分布参数反演

### 8.1.1 矿浆浓度已知条件下粒度分布参数反演目标函数的构造

针对基于分形修正的超声波衰减——粒度模型式（7.4），对每一特定的矿浆体系来说，粒度分布是个未知数，而颗粒表面的状态，如颗粒形状以及颗粒表面的粗糙程度，即矿浆体系的分形维间偏离指数同样是一个未知数。但是，超声波通过某特定的矿浆体系后，其超声波衰减值又是可以通过实验进行测定的。故对矿浆颗粒粒度分布以及分形维间偏离指数的估算正是一反问题，采用反演优化方法可以获得这些参数的值，从而可以得到该矿浆体系的粒度分布情况。

反演计算是针对特定的矿浆体系进行的。根据式（7.4），若矿浆体系一定（即物理性质参数一定，马钢凹山铁矿石密度 $3142kg/m^3$；矿浆温度（常温 $20℃$），水的黏度为 $1.004 \times 10^{-3}Pa \cdot s$，密度为 $998.2kg/m^3$，声速为 $1483m/s$），要获得其分形维间偏离指数和颗粒粒度分布参数，必须设计解反问题的解的适应度函数。对于特定矿浆体系，不同浓度下的超声波衰减值可以通过实验测定。这样，该适应度函数为：

$$\min f(m, X, d_f) = sum(\alpha_j - \alpha_j')^2 \tag{8.1}$$

式中　$\alpha_j$——不同浓度下根据式（7.4）模拟计算的衰减值；

$\alpha_j'$——不同浓度下实验室测定的衰减值。

该式的含义为：模拟计算值与实测值的误差平方和达到最小时可以得到该矿浆体系分形维间偏离指数 $d_f$ 和颗粒粒度分布参数 $(m, X)$，从而得到矿浆体系的粒度分布。

在进行反演计算时，首先假定 $d_f$ 和 $(m, X)$ 的值，通过式（7.4）模拟计算出不同浓度下的超声波衰减值，然后根据式（8.1）计算模拟计算值与实测值间的误差平方和，若二者的误差平方和没有达到规定的精度（$\varepsilon < 0.01$）或没有达到最大迭代次数，则不断调整 $d_f$ 和（$m, X$）的值，重新进行模拟计算和比较，直到模拟计算值和实测值间的误差平方和达到最小或已经达到最大的迭代次数，反演结束。最后根据得到的粒度分布参数，计算矿浆的颗粒粒度分布。

### 8.1.2 矿浆浓度已知条件下参数的联合反演

在第 6 章和第 7 章中对颗粒粒度分布参数和分形维间偏离指数的反演计算，都是在这两类参数知道其一的条件下进行反演的，从反演的结果来看，对它们进行反演计算完全可以得到较理想的结果。现采用改进的混沌遗传算法及反演模型对粒度分布参数（$m, X$）和分形维间偏离指数 $d_f$ 根据式（8.1）进行联合反演计算，$m \in [0.5, 2]$，用 8 位二进制串表示，$X$ 用 16 二进制串表示，其取值范围根据实际矿浆颗粒粒度范围不同而不同；$d_f \in [-1, 1]$，用 8 位二进制串表示。遗传操作种群规模数为 50，最大迭代次数 200，优秀个体复制概率 $P_s = 10\%$，变异概率 $P_m = 0.1$，交叉概率 $P_c = 0.85$，混沌种群规模数为 800，$\mu = 4$。对某特定矿浆体系的连续 10 次联合反演结果见表 8.1。

**表 8.1 马钢凹山铁矿石某矿浆体系连续 10 次联合反演结果**

| 结果 | 不同粒级（mm）的矿砂含量（质量分数）/% | | | | | 分布参数 | | 分形维间偏离指数 | |
| --- | --- | --- | --- | --- | --- | --- | --- | --- | --- |
| | <0.038 | 0.076~0.038 | 0.1~0.076 | 0.154~0.1 | >0.154 | $m$ | $X$ | $d_{f1}$ | $d_{f2}$ |
| 实测值 | 81.2 | 17.6 | 0.60 | 0.1 | 0.5 | | | | |
| 模拟计算值 | 83.5 | 15.46 | 0.91 | 0.13 | 0.00 | 1.3682 | 25.0353 | -0.2351 | -0.2348 |
| | 90.86 | 9.10 | 0.04 | 0.00 | 0.00 | 1.7494 | 23.3804 | -0.2496 | -0.2496 |
| | 85.21 | 13.73 | 0.90 | 0.15 | 0.00 | 1.2765 | 23.1765 | -0.2348 | -0.2352 |
| | 88.37 | 11.54 | 0.09 | 0.00 | 0.00 | 1.3280 | 24.8078 | -0.2297 | -0.2301 |
| | 86.41 | 13.28 | 0.30 | 0.01 | 0.00 | 1.5600 | 24.7216 | -0.2467 | -0.2456 |
| | 83.97 | 15.35 | 0.62 | 0.06 | 0.00 | 1.4741 | 25.5451 | -0.2504 | -0.2510 |
| | 82.06 | 16.37 | 1.30 | 0.26 | 0.00 | 1.2988 | 25.3804 | -0.2378 | -0.2375 |
| | 85.98 | 13.84 | 0.18 | 0.00 | 0.00 | 1.7176 | 25.9843 | -0.2548 | -0.2560 |
| | 80.17 | 19.58 | 0.24 | 0.01 | 0.00 | 1.9294 | 30.0000 | -0.2543 | -0.2536 |
| | 87.26 | 12.60 | 0.10 | 0.00 | 0.00 | 1.7718 | 25.6000 | -0.2487 | -0.2491 |

表 8.1 的数据充分说明了在基于分形修正的超声波粒度检测非线性模型的粒

度分布反演过程中，分形维间偏离指数和粒度分布参数彼此关联，分形维间偏离指数的反演在很大程度上影响粒度分布参数的反演，二者间的非线性关系十分严重，从而使得反演的结果很不稳定。因此减少二者间相互影响是一个必须解决的问题。

### 8.1.3　矿浆浓度已知条件下参数的交替反演

对粒度分布参数和分形维间偏离指数进行反演计算时采用的目标函数，既包含有粒度分布参数的信息，也含有颗粒分形维间偏离指数的信息。当用这样的目标函数去单独反演粒度分布，而不反演分形维间偏离指数时，反演方程是适定的；同样单独反演分形维间偏离指数而不反演粒度分布参数也是如此，因此可以得到较为理想的反演结果。但是如果要同时反演分形维间偏离指数和粒度分布参数，这样得到的结果就不稳定，当然其中有理想的反演结果，也包含有与实测值相差较大的反演结果，见表 8.2。

**表 8.2　马钢凹山铁矿石某矿浆体系连续 10 次交替反演结果**

| 结果 | 不同粒级（mm）的矿砂含量（质量分数）/% | | | | | 分布参数 | | 分形维间偏离指数 | |
| --- | --- | --- | --- | --- | --- | --- | --- | --- | --- |
| | <0.038 | 0.076 ~ 0.038 | 0.1 ~ 0.076 | 0.154 ~ 0.1 | >0.154 | $m$ | $X$ | $d_{f1}$ | $d_{f2}$ |
| 实测值 | 81.2 | 17.6 | 0.60 | 0.1 | 0.5 | | | | |
| 模拟计算值 | 81.20 | 17.13 | 1.39 | 0.28 | 0.00 | 1.7294 | 28.1343 | -0.2520 | -0.2520 |
| | 81.24 | 17.15 | 1.34 | 0.26 | 0.00 | 1.6882 | 28.6459 | -0.2526 | -0.2515 |
| | 78.01 | 20.84 | 1.05 | 0.10 | 0.00 | 1.7151 | 28.3932 | -0.2524 | -0.2527 |
| | 81.02 | 17.40 | 1.33 | 0.25 | 0.00 | 1.7304 | 28.7509 | -0.2513 | -0.2518 |
| | 80.85 | 17.69 | 1.25 | 0.21 | 0.00 | 1.7176 | 28.6264 | -0.2516 | -0.2516 |
| | 81.91 | 16.58 | 1.27 | 0.24 | 0.00 | 1.7227 | 28.0012 | -0.2510 | -0.2520 |
| | 82.18 | 16.11 | 1.39 | 0.31 | 0.00 | 1.7131 | 28.7705 | -0.2512 | -0.2517 |
| | 79.86 | 18.75 | 1.22 | 0.17 | 0.00 | 1.6902 | 28.4408 | -0.2521 | -0.2517 |
| | 79.20 | 19.48 | 1.17 | 0.15 | 0.00 | 1.7249 | 28.0000 | -0.2524 | -0.2518 |
| | 82.08 | 16.15 | 1.43 | 0.33 | 0.01 | 1.7139 | 28.3271 | -0.2525 | -0.2521 |

为了减少二者间的相互影响，本节提出了对分形维间偏离指数和粒度分布参数分开反演、交替进行、逐级进化的反演策略。首先设定分形维间偏离指数 $d_f$ 的值，在设定的 $d_f$ 下对粒度分布参数根据式（8.1）进行反演计算，直到模拟计

算值和实测值间的误差平方和最小或达到最大迭代次数，得到粒度分布参数在此时设定的 $d_f$ 下的最佳值；然后以此最佳粒度分布参数值为已知条件，根据式（8.1）对分形维间偏离指数进行反演计算，直到模拟计算值和实测值间的误差平方和最小或达到最大迭代次数，得到分形维间偏离指数在此时的最佳值；然后又以此最佳分形维间偏离指数值为已知条件，对粒度分布参数再次进行反演计算，如此反复 2~3 次，即可以得到稳定的粒度分布参数值和分形维间偏离指数值，交替反演流程如图 8.1 所示。改进的混沌遗传算法参数同联合反演的参数：$m \in [1,2]$，用 8 位二进制串表示，$X$ 用 16 二进制串表示，其取值范围根据实际矿浆颗粒粒度范围不同而不同；$d_f \in [-1,1]$，用 8 位二进制串表示。遗传操作种群规模为 50，最大迭代次数 200，优秀个体复制概率 $P_s =$ 10%，变异概率 $P_m = 0.1$，交叉概率 $P_c = 0.85$，混沌种群规模数为 800，$\mu = 4$。交替反演结果见表 8.2。

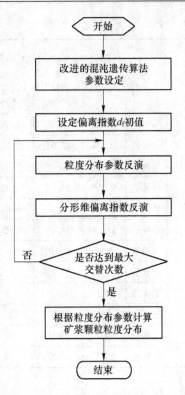

图 8.1 交替反演流程

比较表 8.1 和表 8.2，这些数据说明了交替反演结果不但比联合反演结果更为精确，而且反演结果比联合反演结果稳定得多。故认为采用分形维间偏离指数和粒度分布参数分开反演、交替进行、逐级进化的反演策略是成功的。

根据式（8.1），对其他磨矿产品进行了分形维间偏离指数和粒度分布参数交替反演，反演结果见表 8.3。从表 8.3 可知，交替反演得到的矿浆颗粒的粒度分布与实测值十分吻合，反演效果好。

表 8.3 马钢凹山铁矿石不同矿浆体系颗粒粒度分布交替反演结果

| 矿 样 | | 不同粒径（mm）的矿砂含量（质量分数）/% | | | | | 分布参数 | | 分形维间偏离指数 $d_f$ | |
|---|---|---|---|---|---|---|---|---|---|---|
| | | <0.038 | 0.076 ~ 0.038 | 0.1 ~ 0.076 | 0.154 ~ 0.1 | >0.154 | $m$ | $X$ | 1.0MHz | 2.5MHz |
| 1 | 实测值 | 81.2 | 17.6 | 0.6 | 0.1 | 0.5 | 1.6571 | 27.9316 | -0.2576 | -0.2576 |
| | 计算值 | 80.76 | 17.73 | 1.28 | 0.23 | 0.00 | | | | |
| 2 | 实测值 | 76.5 | 21.9 | 1.0 | 0.1 | 0.5 | 1.5000 | 30.1954 | -0.2697 | -0.2697 |
| | 计算值 | 76.30 | 21.85 | 1.60 | 0.24 | 0.01 | | | | |

续表 8.3

| 矿样 | | 不同粒径（mm）的矿砂含量（质量分数）/% | | | | | 分布参数 | | 分形维间偏离指数 $d_f$ | |
|---|---|---|---|---|---|---|---|---|---|---|
| | | <0.038 | 0.076 ~ 0.038 | 0.1 ~ 0.076 | 0.154 ~ 0.1 | >0.154 | $m$ | $X$ | 1.0MHz | 2.5MHz |
| 3 | 实测值 | 64.2 | 27.5 | 2.7 | 5.5 | 0.03 | 1.0471 | 35.7827 | −0.2538 | −0.2219 |
| | 计算值 | 66.04 | 22.91 | 5.75 | 4.33 | 0.97 | | | | |
| 4 | 实测值 | 55.7 | 27.4 | 5.5 | 8.5 | 2.9 | 1.0000 | 44.8681 | −0.2596 | −0.2414 |
| | 计算值 | 57.68 | 24.06 | 7.622 | 7.54 | 3.10 | | | | |
| 5 | 实测值 | 52.1 | 28.8 | 6.4 | 9.2 | 3.5 | 1.0000 | 49.9219 | −0.2718 | −0.2187 |
| | 计算值 | 53.88 | 24.49 | 8.35 | 8.94 | 4.34 | | | | |
| 6 | 实测值 | 44.5 | 25.9 | 6.7 | 12.4 | 10.5 | 1.0000 | 70.0000 | −0.1634 | −0.1872 |
| | 计算值 | 42.90 | 24.27 | 9.93 | 13.06 | 9.84 | | | | |
| 7 | 实测值 | 38.9 | 13.8 | 4.9 | 9.5 | 32.8 | 0.5000 | 148.7424 | −0.1113 | −0.1763 |
| | 计算值 | 35.82 | 14.51 | 7.40 | 13.91 | 28.36 | | | | |
| 8 | 实测值 | 24.1 | 12.2 | 3.5 | 8.1 | 52.1 | 0.8102 | 300.0000 | −0.0963 | −0.1375 |
| | 计算值 | 25.7 | 13.0 | 9.62 | 8.05 | 43.63 | | | | |

## 8.2  双波长法粒度分布参数反演

### 8.2.1  双波长法

测量颗粒粒径通常采用双波长法，即采用两个频率的超声波探头进行测量。声衰减的测量方法：首先在测量槽中加入待测样品，测量悬浊液的一次回波幅值，并计算出声衰减。通过两个不同的采集通道，可同时获得两个不同频率下的声波信号。

根据理论模型式（5.12）可模拟计算得到不同频率下衰减－粒径曲线，如图8.2 所示为不同频率的石英水悬浮液中不同频率下声衰减比值的曲线，计算参数为：20℃水的黏度 0.001Pa·s，密度 998.2kg/m³，超声波在水中传播的速度 1483m/s；颗粒密度 2700kg/m³，颗粒的粒度分布为单粒径分布，固体颗粒的体积浓度为 10%。

从图8.2 可以看出，随着颗粒尺寸的增加，不同频率下声衰减系数的比值随颗粒粒度的变化关系呈强烈的非线性关系。在微细粒级（10μm 以下），随颗粒粒径的增大衰减系数比值增大，达到一最大值，然后在中等粒径范围（10 ~ 150μm）内，随粒径的增大又急剧减小；减小到最小值后，颗粒粒径继续增大，衰减系数比值基本没有什么变化。从衰减系数比值曲线可以发现，粗粒级（粒径大于 150μm）的衰减系数的比值基本不变，因此对于这样级别的颗粒，如用频率

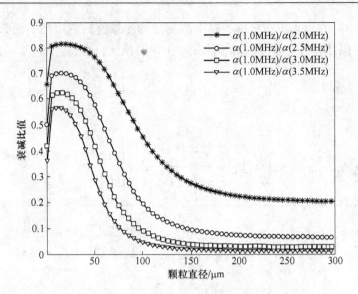

图 8.2 不同频率超声波衰减比值随粒度的变化曲线

为 1.0MHz 和 2.5MHz 的超声波双波长法是无法分辨的。幸运的是，大多数选矿厂矿浆中的颗粒直径均在 10～150μm 范围内，而在该范围内不同频率下声衰减的比值随颗粒尺寸的增大而单调变化。故采用双波长超声波来测量选矿厂矿浆中的颗粒粒径从理论上是可行的。实际上现在国内超声波测粒的研究大多数采用的也是 5MHz 以下的频率的超声波探头作为粒度传感器。

### 8.2.2 双波长法粒度分布参数反演目标函数的构造

在前面求解粒度分布和分形维间偏离指数时都是在已知矿浆浓度的条件下求得的，而实际在线颗粒测量粒度时，矿浆浓度都是未知数，如果要求得颗粒的粒度分布，必须测量多个频率下的衰减值，然后求解式（7.4）。由于目前无法求得理论解，为此必须采用其他方法进行求解。本节的做法是先假设被测颗粒系的粒径分布可以用某一已知的分布函数来描述，计算出该颗粒系在给定的多个频率的声衰减系数，并将计算值与相同频率下测量值比较，然后按照最优算法寻优，获得粒径分布函数，使计算值和测量值的比值趋于 1 或平方差最小。

考虑式（7.4），显然它给出的是一个通用关系式，采用多个频率时，相应为一组方程组，令：

$$\alpha_j = \begin{cases} \alpha_0 (\omega \tau_v)^{d_f}, & \omega \tau_v \geqslant 1 \text{ 且 } \kappa R_i < 0.1\pi \\ \alpha_0 (\kappa R_i)^{d_f}, & \kappa R_i \geqslant 0.1\pi \end{cases} \tag{8.2}$$

$\alpha_j$ 为不同频率下衰减的计算值，其中 $j = 1, 2, \cdots, n$。则：

$$\ln \left( \frac{E}{E_0} \right)_j = L_j \alpha_j \tag{8.3}$$

式（8.3）左边是不同频率下超声波衰减的测量值，右边是不同频率下超声波衰减的模拟计算值。显然，对不同频率下声衰减比，有：

$$
\frac{\ln\left(\dfrac{E}{E_0}\right)_k}{\ln\left(\dfrac{E}{E_0}\right)_j} = \frac{L_k \alpha_k}{L_j \alpha_j}
$$

$$
= \frac{L_k \dfrac{M}{2\rho_p}\left( \displaystyle\sum_i G_i \left[ \frac{1}{3}\kappa^4 R_i^3 + \kappa\left(\frac{\rho_p}{\rho_0} - 1\right)^2 \frac{S_i}{S_i + \left(\frac{\rho_p}{\rho_0} + \tau_i\right)^2} \right] \left\{ \begin{array}{ll} (\omega\tau_{vi})^{d_f} & (\omega\tau_{vi} \geq 1 \text{ 且 } \kappa R_i < 0.1\pi) \\ (\kappa R_i)^{d_f} & (\kappa R_i \geq 0.1\pi) \end{array} \right\} \right)_k}{L_j \dfrac{M}{2\rho_p}\left( \displaystyle\sum_i G_i \left[ \frac{1}{3}\kappa^4 R_i^3 + \kappa\left(\frac{\rho_p}{\rho_0} - 1\right)^2 \frac{S_i}{S_i + \left(\frac{\rho_p}{\rho_0} + \tau_i\right)^2} \right] \left\{ \begin{array}{ll} (\omega\tau_{vi})^{d_f} & (\omega\tau_{vi} \geq 1 \text{ 且 } \kappa R_i < 0.1\pi) \\ (\kappa R_i)^{d_f} & (\kappa R_i \geq 0.1\pi) \end{array} \right\} \right)_j}
$$

$$
= \frac{L_k \left( \displaystyle\sum_i G_i \left[ \frac{1}{3}\kappa^4 R_i^3 + \kappa\left(\frac{\rho_p}{\rho_0} - 1\right)^2 \frac{S_i}{S_i + \left(\frac{\rho_p}{\rho_0} + \tau_i\right)^2} \right] \left\{ \begin{array}{ll} (\omega\tau_{vi})^{d_f} & (\omega\tau_{vi} \geq 1 \text{ 且 } \kappa R_i < 0.1\pi) \\ (\kappa R_i)^{d_f} & (\kappa R_i \geq 0.1\pi) \end{array} \right\} \right)_k}{L_j \left( \displaystyle\sum_i G_i \left[ \frac{1}{3}\kappa^4 R_i^3 + \kappa\left(\frac{\rho_p}{\rho_0} - 1\right)^2 \frac{S_i}{S_i + \left(\frac{\rho_p}{\rho_0} + \tau_i\right)^2} \right] \left\{ \begin{array}{ll} (\omega\tau_{vi})^{d_f} & (\omega\tau_{vi} \geq 1 \text{ 且 } \kappa R_i < 0.1\pi) \\ (\kappa R_i)^{d_f} & (\kappa R_i \geq 0.1\pi) \end{array} \right\} \right)_j}
$$

$$(8.4)$$

式中，$k \neq j$；$j, k = 1, 2, \cdots, n$；粒度分布参数：$0.5 \leq m \leq 2$，$10 \leq X \leq 400$（$X$ 的单位：mm）；$-1 \leq d_f \leq 1$。

　　为确保求解的结果具有物理意义，粒度分布参数$(m, X)$和分形维间偏离指数 $d_f$ 必须满足式（8.4）中的约束条件。而且从式（8.4）知，两个频率的衰减比值不存在矿浆浓度参数，只要测得超声波通过矿浆后的衰减值，再与理论计算值比较，通过反演优化方法就可以求得粒度分布参数$(m, X)$和分形维间偏离指数 $d_f$。因此问题归结为如何选择粒度分布参数$(m, X)$和分形维间偏离指数 $d_f$，使得测量得到的测量值与按方程式（8.3）右边计算得到的理论值相差最小，从而得到颗粒的粒度分布函数$(m, X)$和分形维间偏离指数 $d_f$。因此，将该问题转化为一有约束最优化问题进行求解，式（8.4）改写成式（8.5）：

$$
\sum_{l=1}^m \left[ \frac{\ln\left(\dfrac{E}{E_0}\right)_k}{\ln\left(\dfrac{E}{E_0}\right)_j} - \frac{L_k \alpha_k}{L_j \alpha_j} \right]^2 = \min \tag{8.5}
$$

式中，$k \neq j$；$j, k = 1, 2, \cdots, n$。

### 8.2.3 双波长法粒度分布参数和分形维间偏离指数的交替反演

双波长法粒度分布参数和分形维间偏离指数的交替反演具体的做法为：首先按照预先设定的分布参数和分形维间偏离指数，求得理论计算衰减比值 $\dfrac{L_k\alpha_k}{L_j\alpha_j}$，这里的下标 $j$ 和 $k$ 表示不同的频率。然后将该理论计算值根据式（8.5）与测量值进行比较，计算模拟计算值与实测值间的误差平方和，若二者的误差平方和没有达到规定的精度（$\varepsilon<0.01$）或没有达到最大迭代次数，则不断调整 $d_f$ 和 $(m,X)$ 的值，重新进行模拟计算和比较，直到模拟计算值和实测值间的误差平方和达到最小或已经达到最大的迭代次数，反演结束。最后根据得到的粒度分布参数，计算矿浆的颗粒粒度分布。

根据式（8.5），采用分形维间偏离指数和粒度分布参数分开反演、交替进行、逐级进化的反演策略进行参数的反演计算。反演结果见表 8.4 和图 8.3。从表 8.4、表 8.5 和图 8.3 可知，交替反演得到的矿浆颗粒的粒度分布与实测值十分吻合，反演效果好。表明基于分形修正的超声波粒度检测非线性模型是稳定可靠的，采用的非线性反演方法也是成功的。

**表 8.4　马钢凹山铁矿石不同矿浆体系双波长法参数估计交替反演结果**

| 矿样 | | 不同粒级（mm）的矿砂含量（质量分数）/% | | | | | 分布参数 | | 分形维间偏离指数 $d_f$ | |
|---|---|---|---|---|---|---|---|---|---|---|
| | | <0.038 | 0.076~0.038 | 0.1~0.076 | 0.154~0.1 | >0.154 | $m$ | $X$ | 1.0MHz | 2.5MHz |
| 1 | 实测值 | 81.2 | 17.6 | 0.6 | 0.1 | 0.5 | 1.4636 | 26.3529 | -0.2527 | 0.2527 |
| | 计算值 | 82.48 | 16.62 | 0.81 | 0.09 | 0.00 | | | | |
| 2 | 实测值 | 76.5 | 21.9 | 1.0 | 0.1 | 0.5 | 1.7979 | 30.4947 | -0.2722 | -0.2724 |
| | 计算值 | 78.14 | 21.29 | 0.55 | 0.02 | 0.00 | | | | |
| 3 | 实测值 | 64.2 | 27.5 | 2.7 | 5.5 | 0.03 | 1.1993 | 35.0018 | -0.2738 | -0.2198 |
| | 计算值 | 67.41 | 24.66 | 4.98 | 2.68 | 0.27 | | | | |
| 4 | 实测值 | 55.7 | 27.4 | 5.5 | 8.5 | 2.9 | 0.9995 | 44.1824 | -0.2568 | -0.2116 |
| | 计算值 | 58.23 | 23.95 | 7.51 | 7.35 | 2.96 | | | | |
| 5 | 实测值 | 52.1 | 28.8 | 6.4 | 3.5 | | 1.4997 | 48.0121 | -0.2456 | -0.2105 |
| | 计算值 | 51.23 | 35.12 | 8.70 | 4.63 | 0.32 | | | | |
| 6 | 实测值 | 44.5 | 25.9 | 6.7 | 12.4 | 10.5 | 1.0000 | 70.0000 | -0.1630 | -0.1848 |
| | 计算值 | 42.90 | 24.26 | 9.94 | 13.06 | 9.84 | | | | |
| 7 | 实测值 | 38.9 | 13.8 | 4.9 | 9.5 | 32.8 | 0.5000 | 145.737 | -0.1124 | -0.1801 |
| | 计算值 | 35.82 | 14.51 | 7.40 | 13.91 | 28.35 | | | | |
| 8 | 实测值 | 24.1 | 12.2 | 3.5 | 8.1 | 52.1 | 0.8000 | 304.181 | -0.1024 | -0.1382 |
| | 计算值 | 19.35 | 13.99 | 8.19 | 17.13 | 41.34 | | | | |

**表 8.5    粒度分布交替反演值与实测值的拟合精度**

| 序号 | 1 | 2 | 3 | 4 | 5 | 6 | 7 | 8 |
|---|---|---|---|---|---|---|---|---|
| 拟合精度 | 0.0002 | 0.0002 | 0.0009 | 0.0008 | 0.0008 | 0.0007 | 0.0092 | 0.0041 |

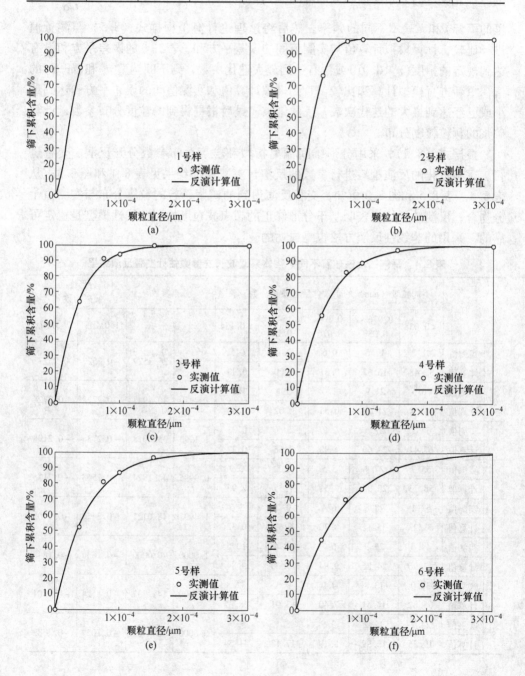

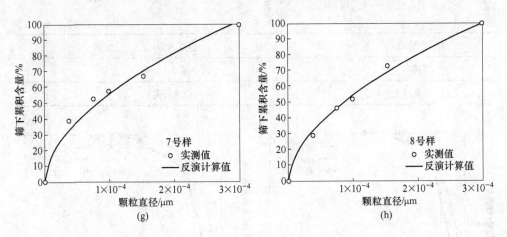

图 8.3　双波长法粒度分布交替反演结果

## 8.3　超声波粒度检测与激光粒度仪粒度检测的比较

　　粒度分布的测量方法有很多，而激光衍射散射法（Fraunhofer 衍射、Mie 散射法）由于其测量速度快、重复性好，是测量颗粒系的粒度分布一种常用的方法，基于此原理已研制出了不同类型的商品激光测粒仪。为了比较超声波法与激光法这两种测粒方法，采用日本研制生产的 LMS-30 型激光衍射散射式粒度分布测定仪和本书研究的超声波粒度检测方法对马钢凹山铁矿磨矿矿样 3 号样、5 号样和 8 号样 3 个磨矿样品进行了粒度分布测试的对比实验。LMS-30 型激光衍射散射式粒度分布测定仪仪器参数见表 8.6。3 个磨矿矿样的超声波粒度检测、激光粒度检测和筛分分析结果如图 8.4 所示。

表 8.6　**LMS-30 型激光衍射散射式粒度分布测定仪的参数**

| | |
| --- | --- |
| 测定范围 | $0.1 \sim 1000\mu m$ |
| 测定方式 | 手动流动样盒测定 |
| 自动测定 | 自动测定→分散槽清洗→空白测定后待机 |
| 光源 | 半导体激光，波长 670nm，输出 2mV |
| 束径 | 5mm |
| 检出器 | 半圆形硅光电二极管 |
| | 前方高角度硅光电二极管 |
| | 后方硅光电二极管 |
| 焦距 | 170mm |
| 分散方法 | 搅拌器搅拌、超声波发生器 40W、40kHz |

| 分散皿 | 容量300mL |
|---|---|
| 循环 | 离心泵2.5L/min |
| 样盒材质 | 合成石英 |

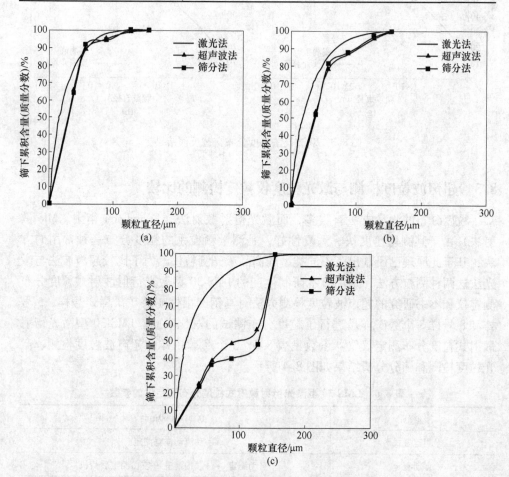

图8.4    超声波粒度检测法、激光粒度分析法和筛分分析对比
(a) 马钢凹山3号样；(b) 马钢凹山5号样；(c) 马钢凹山8号样

从图8.4可知：

对于3号样，实测值，即用筛分分析法测定的颗粒系的粒度分布，其 $-0.038\mu m$ 的含量占64.2%，大多数颗粒属于微细颗粒，三种方法测定的颗粒系的筛下累积含量比较吻合，但超声波粒度检测法和实测值的吻合程度最高。

对于5号样，用筛分分析法测定的颗粒系的粒度分布，其 $-0.038mm$ 的含量占52.1%，大多数颗粒属于微细颗粒，但其微细粒比3号样含量要稍低些，3种方法测定的颗粒系的筛下累积含量比较接近，超声波粒度检测法和实测值的吻合程度最高。

对于 8 号样，属于粗颗粒系，大多数颗粒在 +0.076mm 以上，用激光法测定的粒度分布与筛分分析法测定的实测值相差很大，也就是说激光法对于粗颗粒含量较多的颗粒系是无法精确测量的。而用超声波法测定的粒度分布结果与筛分分析法测定实测值比较接近。

从以上分析可知，超声波法无论是粗颗粒系还是细颗粒细都能进行测定，且能获得较为准确的粒度分布结果；激光法只能测定细颗粒含量较高的颗粒系，对于粗颗粒含量较高的颗粒系无能为力，测得的结果很差。另外采用激光法进行粒度测试时必须先对矿样进行充分分散，测定时水悬浮液中固体颗粒的浓度需要很低（固体体积浓度低于 5%），必须充分稀释；而采用超声波法测定矿浆中颗粒粒度分布时，可以在较高的颗粒浓度下进行，一般固体体积浓度可以达到 20%，这说明了用超声波法检测矿浆中颗粒的粒度分布适合在线检测，具有实用性。

## 8.4 本章小结

本章讨论了将粒度分布参数和分形维间偏离指数参数联合起来，根据实测的超声波衰减值和模拟计算值反演计算矿浆的颗粒粒度分布的方法。通过构造矿浆浓度已知的条件下粒度分布参数反演目标函数，对粒度分布参数和分形维间偏离指数联合反演的策略与分形维间偏离指数和粒度分布参数分开反演、交替进行、逐级进化的反演的策略进行了比较，得到以下结论：当采用粒度分布参数和分形维间偏离指数联合反演的策略时，由于分形维间偏离指数和粒度分布参数彼此关联，分形维间偏离指数的反演在很大程度上影响了粒度分布参数的反演，二者间的非线性关系十分严重，从而使得反演的结果很不稳定；而采用分形维间偏离指数和粒度分布参数分开反演、交替进行、逐级进化的反演策略是成功的，反演结果较为稳定。

为了消除浓度对超声测量颗粒粒度的影响，本章采用双波长法获得矿浆中颗粒的粒度分布参数和分形维间偏离指数。根据理论模型模拟计算得到不同频率下衰减-粒径曲线可知，双波长法适用于矿浆中的颗粒粒度的测量。通过构造双波长法粒度分布参数的反演目标函数，采用分形维间偏离指数和粒度分布参数分开反演、交替进行、逐级进化的反演策略获得了与实测值十分吻合的、较为理想的不同矿浆体系粒度分布曲线。表明基于分形修正的超声波粒度检测非线性模型是稳定可靠的，采用的非线性反演方法也是成功的，这为超声波测量颗粒技术的研究开拓了一条新思路，提供了新的研究方法，也将是今后研究超声波测量颗粒技术的一个重要方向。

　　最后将超声波粒度检测方法和激光衍射散射法进行了对比实验，结果表明超声波法不仅能测定微细颗粒系的粒度分布，而且能测定粗颗粒含量较高的颗粒系的粒度分布；而激光衍射散射法仅仅适合测定微细颗粒含量较高的颗粒系的粒度分布，对于粗颗粒含量较高的颗粒系的粒度分布很难进行测定，这充分说明了超声波法测粒的优越性。

# 9 基于分形修正的超声波粒度 检测模型的实际验证

本章主要针对建立的基于分形修正的超声波粒度检测非线性模型，用其他矿山的矿石进行验证，以考察所建立的非线性模型的有效性和通用性。

## 9.1 广东河源下告铁矿石粒度分布测定

### 9.1.1 广东河源下告铁矿石性质及其磨矿矿样的 SEM 分析

#### 9.1.1.1 矿石性质

下告铁矿床赋存于花岗岩接触带的凹陷部位，矿床的顶部为大理岩，底部为花岗岩。根据矿床的空间分布位置及矿石的矿物组合特征，该矿床属接触交代-热液铁矿床。矿石中平均 TFe 含量为 29.89%，磁性铁含量占全铁含量的 75.85%，属贫磁铁矿矿石。

下告铁矿矿石化学成分比较简单，TFe 品位较低，硅酸铁含量在全铁中占有率局部较高，有用组成为 $Fe_2O_3$，有害杂质除 S、$SiO_2$ 超标，其他杂质均在允许范围内。

矿石中金属矿物主要为磁铁矿，还有少量磁黄铁矿、黄铁矿、黄铜矿、赤铁矿、褐铁矿、闪锌矿和方铅矿等。脉石矿物主要有透辉石、石榴子石、透闪石-阳起石、角闪石、方解石，次为云母、石英、符山石、长石等矿物。次生矿物有绿泥石、绿帘石、蛇纹石、滑石、孔雀石、绿高岭石等。矿石平均密度为 $3625kg/m^3$。

#### 9.1.1.2 不同磨矿矿样的 SEM 分析

在实验室球磨机中对广东河源下告铁矿原矿进行了不同磨矿时间的磨矿实验，得到了不同粒度分布的磨矿矿样，表 9.1、表 9.2 列出了下告铁矿矿山不同磨矿矿样的不同粒级的矿砂含量的筛分分析实测值，图 9.1 所示为下告铁矿矿山不同磨矿矿样的扫描电镜显微照片。从表 9.1 和图 9.1 可知：

（1）这 4 个矿样具有不同的粒度分布，从粒度的宏观分布来看，1 号样最细，2 号样次之，4 号样最粗；

（2）各矿样的颗粒形状各异，呈不规则状，颗粒表面凹凸不平，十分粗糙。

表9.1　下告铁矿矿浆浓度已知条件下不同粒径矿砂含量、

粒度分布参数以及分形维间偏离指数

| 矿样 | | 下告样不同粒级（mm）的矿砂含量（质量分数）/% | | | | | 分布参数 | | 分形维间偏离指数 $d_f$ | |
| --- | --- | --- | --- | --- | --- | --- | --- | --- | --- | --- |
| | | <0.038 | 0.076~0.038 | 0.1~0.076 | 0.154~0.1 | >0.154 | $m$ | $X$ | 1.0MHz | 2.5MHz |
| 1 | 实测值 | 76.2 | 24.2 | 1.2 | 0.3 | 1.1 | 1.8941 | 31.8999 | -0.2541 | -0.2536 |
| | 计算值 | 76.02 | 23.42 | 0.55 | 0.02 | 0.00 | | | | |
| 2 | 实测值 | 60.7 | 28.3 | 4.3 | 2.0 | 4.7 | 1.3059 | 40.7457 | -0.2394 | -0.2446 |
| | 计算值 | 60.49 | 29.04 | 6.51 | 3.61 | 0.35 | | | | |
| 3 | 实测值 | 45.2 | 26.1 | 7.8 | 5.3 | 15.6 | 0.7824 | 73.9872 | -0.2148 | -0.1972 |
| | 计算值 | 45.10 | 18.87 | 7.81 | 11.24 | 11.93 | | | | |
| 4 | 实测值 | 25.9 | 13.1 | 6.8 | 13.8 | 40.4 | 0.6961 | 277.0336 | -0.1291 | -0.1517 |
| | 计算值 | 23.94 | 14.50 | 8.10 | 16.32 | 37.14 | | | | |

表9.2　下告铁矿双波长法不同粒径矿砂含量、粒度分布参数及分形维间偏离指数

| 矿样 | | 下告样不同粒级（mm）的矿砂含量（质量分数）/% | | | | | 分布参数 | | 分形维间偏离指数 $d_f$ | |
| --- | --- | --- | --- | --- | --- | --- | --- | --- | --- | --- |
| | | <0.038 | 0.076~0.038 | 0.1~0.076 | 0.154~0.1 | >0.154 | $m$ | $X$ | 1.0MHz | 2.5MHz |
| 1 | 实测值 | 76.2 | 24.2 | 1.2 | 0.3 | 1.1 | 1.8002 | 31.9713 | -0.2574 | -0.2552 |
| | 计算值 | 75.27 | 23.86 | 0.82 | 0.04 | 0.00 | | | | |
| 2 | 实测值 | 60.7 | 28.3 | 4.3 | 2.0 | 4.7 | 1.3986 | 40.0163 | -0.2327 | -0.2406 |
| | 计算值 | 61.26 | 30.17 | 5.88 | 2.59 | 0.14 | | | | |
| 3 | 实测值 | 45.2 | 26.1 | 7.8 | 5.3 | 15.6 | 0.7800 | 73.0000 | -0.2181 | -0.1932 |
| | 计算值 | 47.86 | 19.84 | 8.18 | 11.74 | 12.38 | | | | |
| 4 | 实测值 | 25.9 | 13.1 | 6.8 | 13.8 | 40.4 | 0.6500 | 276.0246 | -0.1315 | -0.1654 |
| | 计算值 | 26.33 | 14.64 | 8.00 | 15.86 | 35.17 | | | | |

## 9.1.2　广东河源下告铁矿矿样的粒度分布测定

将表9.1或表9.2中的各矿样配成不同浓度的矿浆体系，进行不同固体质量浓度下超声波衰减的测定，不同矿样的超声波衰减测量数据见表9.3。分别采用第8章矿浆浓度已知条件下和双波长法的粒度分布参数和分形维间偏离指数交替反演方法，获得了下告铁矿不同矿样的粒度分布参数和分形维间偏离指数，这两

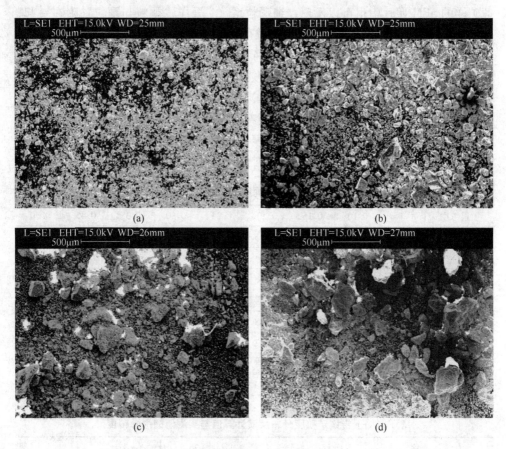

图 9.1　下告铁矿磨矿矿样的 SEM 照片

（a）下告铁矿 1 号样；（b）下告铁矿 2 号样；（c）下告铁矿 3 号样；（d）下告铁矿 4 号样

种方法的反演结果分别见表 9.1、表 9.2。从表 9.1、表 9.2 可知：

（1）不同粒级矿砂含量的计算值和实测值十分吻合，其精度见表 9.4。从反演得到的分布参数 $X$ 可以知道从 1 号样~4 号样颗粒系越来越粗；分布参数 $m$ 说明颗粒系粒径的分散程度，$m$ 值越大，颗粒越分散；反之，颗粒越集中。

（2）分形维间偏离指数均为负值，说明矿浆中存在细颗粒的絮凝，分形维间偏离指数值的绝对值大小说明了细颗粒絮凝的程度，$d_f$ 值越大，絮凝程度越大；$d_f$ 绝对值小，可能是因为细颗粒的絮凝和颗粒不规则的、表面粗糙的共同作用的结果。对于细颗粒系，如 1 号样，主要是细颗粒的絮凝引起的，而对于 3 号样和 4 号样主要是由于该颗粒存在有细颗粒絮凝，使其分形维 $D$ 变小，但形状不规则和表面粗糙又会使其分形维增大，二者共同作用使得该颗粒系矿浆体系的分形维值变小，但变小程度不如 1 号样那么大，故其 $d_f$ 值的绝对值小。从图 9.2 中各矿样的 SEM 照片中也可以发现，细颗粒系（1 号样）颗粒与颗粒黏附在一起，而粗颗粒系（3 号、4 号样）中有细颗粒存在，且表面粗糙、不规则。

（3）从表9.1、表9.2 可以发现，高频和低频下细颗粒系的分形维间偏离指数值相等或大致相等，细颗粒系的两个频率的分形维间偏离指数值相同。而随着颗粒粒度的变粗，两个频率下分形维间偏离指数值就不同了。

（4）高频的分形维间偏离指数值随着颗粒粒度的变粗，分形维间偏离指数的绝对值越来越小，而低频的分形维间偏离指数值的规律性没有那么好，但随颗粒粒度的变粗，分形维间偏离指数的绝对值也有减小的趋势。

表 9.3　广东河源下告铁矿不同磨矿矿样超声波衰减实测数据　　　　　（Np）

| 质量浓度 | | 0.05 | 0.10 | 0.15 | 0.20 | 0.25 | 0.30 | 0.35 | 0.45 | 0.50 |
|---|---|---|---|---|---|---|---|---|---|---|
| 1 号样 | $\alpha_1$ | 0.026 | 0.057 | 0.195 | 0.333 | 0.425 | 0.450 | 0.472 | 0.506 | 0.642 |
| | $\alpha_2$ | 0.082 | 0.224 | 0.481 | 0.581 | 0.584 | 0.642 | 0.676 | 0.742 | 1.072 |
| 2 号样 | $\alpha_1$ | 0.082 | 0.131 | 0.211 | 0.368 | 0.447 | 0.546 | 0.697 | 0.746 | 0.969 |
| | $\alpha_2$ | 0.126 | 0.261 | 0.355 | 0.454 | 0.528 | 0.649 | 0.754 | 0.875 | 1.050 |
| 3 号样 | $\alpha_1$ | 0.115 | 0.161 | 0.180 | 0.208 | 0.238 | 0.276 | 0.334 | 0.422 | 0.670 |
| | $\alpha_2$ | 0.122 | 0.330 | 0.440 | 0.587 | 0.689 | 0.810 | 0.936 | 1.049 | 1.135 |
| 4 号样 | $\alpha_1$ | 0.115 | 0.200 | 0.240 | 0.287 | 0.398 | 0.473 | 0.663 | 0.859 | 1.098 |
| | $\alpha_2$ | 0.138 | 0.278 | 0.470 | 0.570 | 0.639 | 0.688 | 0.745 | 0.891 | 1.217 |

表 9.4　下告铁矿粒度分布反演计算值与实测值的拟合精度

| 序　　号 | | 1 | 2 | 3 | 4 |
|---|---|---|---|---|---|
| 拟合精度 | 已知浓度条件下 | 0.0008 | 0.0007 | 0.0093 | 0.0216 |
| | 双波长法 | 0.0009 | 0.0010 | 0.0015 | 0.0220 |

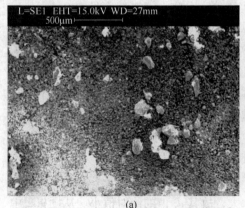

(a)

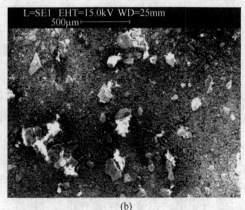

(b)

图 9.2　铜陵凤凰山铜矿磨矿矿样的 SEM 照片

（a）铜矿 1 号样；（b）铜矿 2 号样；（c）铜矿 3 号样；（d）铜矿 4 号样

## 9.2　铜陵凤凰山铜矿石粒度分布测定

### 9.2.1　铜陵凤凰山铜矿石性质及其磨矿矿样的 SEM 分析

#### 9.2.1.1　矿石性质

凤凰山铜矿床位于安徽省铜陵扬子台坳新屋里复向斜的北西翼，$T_{1-2}$ 灰岩、钙质页岩与花岗闪长岩体的接触带附近。矿石工业类型主要有含铜磁铁矿赤铁矿矿石、含铜菱铁矿矿石、含铜黄铁矿矿石、含铜矽卡岩矿石、含铜角砾状矿石、含铜花岗长岩矿石和含铜大理岩矿石等，主要金属矿物为黄铜矿、斑铜矿、磁铁矿、赤铁矿、菱铁矿；其次为辉铜矿、毒砂及金银矿。主要脉石矿物为方解石、铁白云石、石英、长石、石榴子石等。原矿含铜 1.09%，含硫 4.77%。铜陵凤凰山铜矿矿石平均密度为 3380kg/m³。

铜矿物：黄铜矿常呈现不规则的粒状嵌布于脉石中，有时呈现不规则的树枝状、粒状嵌布于毒砂或磁铁矿的集合体中，嵌布粒度一般为 43～598μm。斑铜矿和黄铜矿的关系比较密切，常沿黄铜矿周围嵌布，构成镶边结构。斑铜矿还以不规则的粒状直接嵌布于脉石中，粒度一般为 61～600μm；辉铜矿和铜蓝一般呈细粒状沿黄铜矿和斑铜矿的裂隙嵌布，粒度一般为 5～43μm。

黄铁矿：一般呈比较规则的粒状嵌布于脉石中，与脉石的接触界线多数比较规则，多呈自形－半自形，以立方体为主，少数呈致密块状集合体，亦有的呈散粒状和网脉状，粒度一般为 0.09～2.34mm。

铁矿物：菱铁矿一般呈细粒集合体不规则粒状产出，常和碳酸盐脉石胶结在一起，也常和玉髓类矿物相互嵌生，粒度一般为 5 ~ 74μm。赤铁矿一部分呈不规则粒状沿磁铁矿颗粒周围嵌布，另一部分则呈细粒星点状不均匀嵌布于脉石中，粒度一般为 86 ~ 360μm。

金、银矿物：主要呈银金矿和自然银充填在黄铁矿裂隙中及包裹在黄铁矿、黄铜矿、磁铁矿和脉石矿物晶体中。

### 9.2.1.2　磨矿矿样的 SEM 分析

在实验室球磨机中对铜陵凤凰山铜矿原矿进行了不同磨矿时间的磨矿实验，得到了不同粒度分布的磨矿矿样，表 9.5、表 9.6 列出了凤凰山铜矿矿山不同磨矿矿样的不同粒级的矿砂含量的筛分分析实测值，图 9.2 所示为凤凰山铜矿矿山不同磨矿矿样的扫描电镜显微照片。从表 9.6 和图 9.2 可知：

（1）这 4 个矿样具有不同的粒度分布，从粒度的宏观分布来看，1 号样最细，2 号样次之，4 号样最粗，且各矿样粗细不均匀；

（2）各矿样的颗粒形状各异，呈不规则状，颗粒表面凹凸不平，十分粗糙。

表 9.5　铜陵矿矿浆浓度已知条件下不同粒径矿砂含量、
粒度分布参数以及分形维间偏离指数

| 矿　样 | | 铜陵样不同粒级（mm）的矿砂含量（质量分数）/% | | | | | 分布参数 | | 分形维间偏离指数 $d_f$ | |
| --- | --- | --- | --- | --- | --- | --- | --- | --- | --- | --- |
| | | < 0.038 | 0.076 ~ 0.038 | 0.1 ~ 0.076 | 0.154 ~ 0.1 | > 0.154 | $m$ | $X$ | 1.0MHz | 2.5MHz |
| 1 | 实测值 | 75.3 | 20.3 | 2.2 | 1.8 | 0.0 | 1.2847 | 29.8909 | − 0.2682 | − 0.2688 |
| | 计算值 | 74.95 | 21.41 | 2.74 | 0.87 | 0.03 | | | | |
| 2 | 实测值 | 56.1 | 24.5 | 5.9 | 8.4 | 5.1 | 0.8898 | 48.7065 | − 0.2687 | − 0.2307 |
| | 计算值 | 55.93 | 21.94 | 7.68 | 8.89 | 5.56 | | | | |
| 3 | 实测值 | 45.2 | 21.5 | 7.6 | 18.5 | 7.2 | 0.9122 | 70.4250 | − 0.2467 | − 0.2103 |
| | 计算值 | 44.86 | 22.48 | 9.21 | 12.55 | 10.89 | | | | |
| 4 | 实测值 | 34.9 | 19.3 | 7.4 | 22.1 | 16.3 | 0.9420 | 100.5866 | − 0.1330 | − 0.1696 |
| | 计算值 | 35.44 | 21.64 | 10.01 | 15.48 | 17.43 | | | | |

**表 9.6　铜陵矿双波长法不同粒径矿砂含量、粒度分布参数以及分形维间偏离指数**

| 矿样 | | 铜陵样不同粒级（mm）的矿砂含量（质量分数）/% | | | | | 分布参数 | | 分形维间偏离指数 $d_f$ | |
|---|---|---|---|---|---|---|---|---|---|---|
| | | < 0.038 | 0.076 ~ 0.038 | 0.1 ~ 0.076 | 0.154 ~ 0.1 | > 0.154 | $m$ | $X$ | 1.0 MHz | 2.5 MHz |
| 1 | 实测值 | 75.3 | 20.3 | 2.2 | 1.8 | 0.0 | 1.2517 | 29.0483 | -0.2643 | -0.2651 |
| | 计算值 | 75.90 | 20.54 | 2.66 | 0.88 | 0.03 | | | | |
| 2 | 实测值 | 56.1 | 24.5 | 5.9 | 8.4 | 5.1 | 1.0000 | 45.0047 | -0.2648 | -0.2325 |
| | 计算值 | 57.56 | 24.06 | 7.65 | 7.59 | 3.14 | | | | |
| 3 | 实测值 | 45.2 | 21.5 | 7.6 | 18.5 | 7.2 | 0.8000 | 70.0000 | -0.2428 | -0.1983 |
| | 计算值 | 45.59 | 22.20 | 9.07 | 12.34 | 10.81 | | | | |
| 4 | 实测值 | 34.9 | 19.3 | 7.4 | 22.1 | 16.3 | 1.0000 | 100.0000 | -0.1346 | -0.1713 |
| | 计算值 | 33.63 | 22.39 | 10.50 | 16.15 | 17.32 | | | | |

## 9.2.2　铜陵凤凰山铜矿磨矿矿样的粒度分布测定

将表 9.5 或表 9.6 中的各矿样配成不同浓度的矿浆体系，进行不同固体质量浓度下超声波衰减的测定，不同矿样的超声波衰减测量数据见表 9.7。分别采用第 8 章矿浆浓度已知条件下和双波长法的粒度分布参数和分形维间偏离指数交替反演方法，获得了铜陵凤凰山铜矿不同磨矿矿样的粒度分布参数和分形维间偏离指数，这两种方法的反演结果分别见表 9.5、表 9.6。从表 9.5、表 9.6 以及图 9.2 可知：

（1）不同粒级矿砂含量的计算值和实测值十分吻合，其精度见表 9.8。从反演得到的分布参数 $X$、$m$ 与下告铁矿的规律一致，从反演得到的分布参数 $X$ 可以知道从 1 号样 ~ 4 号样颗粒系越来越粗。分布参数 $m$ 说明颗粒系粒径的分散程度，$m$ 值越大，颗粒越分散；反之，颗粒越集中。

**表 9.7　铜陵凤凰山铜矿不同磨矿矿样超声波衰减实测数据**

| 质量浓度 | | 0.05 | 0.10 | 0.15 | 0.20 | 0.25 | 0.30 | 0.35 | 0.45 | 0.50 |
|---|---|---|---|---|---|---|---|---|---|---|
| 1 号样 | $\alpha_1$ | 0.029 | 0.044 | 0.194 | 0.325 | 0.432 | 0.454 | 0.471 | 0.514 | 0.642 |
| | $\alpha_2$ | 0.106 | 0.304 | 0.518 | 0.595 | 0.598 | 0.651 | 0.789 | 0.811 | 0.969 |
| 2 号样 | $\alpha_1$ | 0.113 | 0.152 | 0.176 | 0.223 | 0.236 | 0.275 | 0.344 | 0.420 | 0.665 |
| | $\alpha_2$ | 0.195 | 0.309 | 0.446 | 0.541 | 0.625 | 0.717 | 0.795 | 0.863 | 0.912 |
| 3 号样 | $\alpha_1$ | 0.079 | 0.139 | 0.174 | 0.199 | 0.233 | 0.248 | 0.350 | 0.439 | 0.527 |
| | $\alpha_2$ | 0.091 | 0.156 | 0.222 | 0.375 | 0.441 | 0.539 | 0.681 | 0.744 | 0.966 |
| 4 号样 | $\alpha_1$ | 0.120 | 0.218 | 0.310 | 0.492 | 0.612 | 0.712 | 0.857 | 0.937 | 1.106 |
| | $\alpha_2$ | 0.136 | 0.268 | 0.433 | 0.564 | 0.699 | 0.792 | 0.852 | 0.975 | 1.253 |

**表 9.8　铜陵凤凰山铜矿粒度分布反演计算值与实测值的拟合精度**

| 序　　号 | | 1 | 2 | 3 | 4 |
|---|---|---|---|---|---|
| 拟合精度 | 已知浓度条件下 | 0.0005 | 0.0007 | 0.0128 | 0.0164 |
| | 双波长法 | 0.0005 | 0.0007 | 0.0115 | 0.0162 |

（2）分形维间偏离指数均为负值，说明矿浆中的存在细颗粒的絮凝，分形维间偏离指数值的绝对值大小说明了细颗粒絮凝的程度，$d_f$ 值越大，絮凝程度越大；$d_f$ 绝对值小的可能是细颗粒的絮凝和颗粒不规则的、表面是粗糙的共同作用的结果，这也可以从图 9.2 中各矿样的 SEM 照片中得到验证。

（3）高频和低频下细颗粒系的分形维间偏离指数值相等或大致相等，而随着颗粒粒度的变粗，两个频率下具有不同的分形维间偏离指数值。

（4）高频和低频下的分形维间偏离指数值随着颗粒粒度的变粗，分形维间偏离指数的绝对值越来越小。

## 9.3　本章小结

本章用不同矿山的矿石对建立的基于分形修正的超声波粒度检测非线性模型进行了验证，研究结果表明，无论是在矿浆浓度已知条件下还是采用双波长法获得的矿浆中颗粒系的粒度分布与实测值均十分吻合，说明建立的非线性模型的有效性和实用性。